생물이 살지도 모르는 별의 도감

생물이 살지도 모르는

별의 도감

1판 1쇄 찍은날 2022년 4월 10일
1판 1쇄 펴낸날 2022년 4월 20일

지은이 아라후네 요시타카
옮긴이 이선주
펴낸이 정종호
펴낸곳 (주)청어람미디어(청어람E)

편집 여혜영 · 박세희
마케팅 이주은 · 강유은
제작 · 관리 정수진
인쇄 · 제본 (주)에스제이피앤비

등록 1998년 12월 8일 제22-1469호
주소 03908 서울시 마포구 월드컵북로 375, 402호
전화 02)3143-4006~8
팩스 02)3143-4003

ISBN 979-11-5871-197-9 43440
잘못된 책은 구입하신 서점에서 바꾸어 드립니다. 값은 뒤표지에 있습니다.

생물이 살지도 모르는

별의 도감

아라후네 요시타카 지음

이선주 옮김

청어람e

〈일러두기〉

- 용어는 한국천문학회에서 제공하는 천문학 백과에 등재된 단어를 우선으로 채택하였습니다. 용어 표기가 없는 것은 최대한 많이 사용하는 단어를 선택하여 번역하였습니다.
- 천문학에서 항성을 '별'로 정의하고 있지만, 이 책에서는 넓은 의미로 '천체'를 '별'로 표기하고 있습니다. 제목 역시 넓은 의미의 '별'입니다.

들어가며

우리는 지구에 살고 있습니다. 지구는 우주의 일부이지요. 다시 말해, 우리는 '우주에 살고 있는 우주인'이라고도 할 수 있습니다.

그런 이유에서인지, 우리는 우주를 동경합니다. 2020년에 미국의 민간기업 스페이스X가 제작하고 운용하는 우주선 '크루 드래건'을 타고 우주비행사가 국제우주정거장(ISS)까지 갔다가 돌아왔습니다. 나아가 크루 드래건은 2021년 가을에 민간인 4명을 보내는 우주 비행에 성공하였습니다. 서브 오비탈 비행(포물선을 그리듯 고도 100km 정도까지 상승했다가 지상으로 돌아오는 궤도 비행)으로 우주 비행이 본격화되면 우주로 가는 사람은 더 많아지겠지요.

얼마 전까지 우주 비행은 몇몇 사람만의 전유물이었지만 점차 많은 사람이 경험할 수 있게 바뀌어 가고 있습니다. 인간이 지구를 벗어나 우주에서 살아갈 시대도 그리 멀지 않을지 모릅니다.

앞으로 우리의 눈은 자꾸만 우주로 향해갈 것입니다. 그런 점에서 주목할 만한 문제는 지구 외의 천체에 생명체가 존재하는가입니다. 이 물음에 인류는 오랜 세월 동안 끊임없이 고민해 왔습니다.

고대부터 전해지는 신화와 전설에는 인간의 지식을 뛰어넘는 신과 같은 존재나 우주에서 살아가는 사람들이 등장합니다. 이 신적인 존재나 사람은 지구 밖의 생명체라는 의미로는 우주인이라고 할 수 있습니다.

시대가 발전하여 우주의 모습이 알려지면서 실제로 특정 천체에 생명체가 있는지가 화제에 오르게 되었습니다. 다만, 오랫동안 우주인이나 지구 밖 생명체의 존재는 현실이 아니라 소설이나 영화 등의 허구 속에서만 이야기되었지요.

하지만, 그 구도는 최근 수십 년 사이에 크게 바뀌었습니다. 우주 연구가 진행되면서 이 우주의 어딘가에 생명체가 존재할 만한 천체가 많이 있다는 사실이 알려졌습니다. 우주인이나 지구 밖 생명은 허구에 그치지 않고 과학의 손이 닿는 영역이 되었지요.

이제 지구 밖 생명체 탐사는 우주 연구의 주요한 분야 중 하나가 되었습니다. 인류는 다양한 천체를 관측하고 천체의 특징과 함께 생명이 살아갈 수 있는지에 대해서도 조사하고 있습니다.

여기에는 우주뿐만 아니라 생명, 화학, 지구환경과 같은 다양한 분야의 지식이 필요합니다. 실제로 많은 분야의 연구자가 지구 밖 생명체 연구에 참여하고 있습니다.

이 책에서는 생명이란 무엇인지부터 생각해보면서 이야기를 시작하며, 각 천체에 관한 연구 상황과 지구 밖 생명체가 존재할 가능성 등을 정리해보았습니다.

예전에는 '태양계 안에서 생명이 존재하는 곳은 지구뿐일 것이다'라고 생각했지만, 최근의 연구로 태양계 안에서도 생명의 존재 가능성이 논의되는 천체가 의외로 많습니다. 게다가 지구에서 멀리 떨어진 태양계 밖으로 눈을 돌리면 생명의 존재를 기대할 만한 행성이 많이 있다는 사실도 알려졌습니다.

태양계 밖 행성(외계행성)에는 아직 알려지지 않은 것도 많이 있지만, 생명의 존재를 기대할 만한 것을 중심으로 몇 가지 행성을 소개합니다. 외계행성에 여러 종류가 있다는 데 놀라는 분도 계시겠지요.

이 책을 통해 우주에는 생명이 있을지도 모르는 천체가 많이 발견되었다는 사실과 우주 생명에 관한 연구의 진행 상황을 알게 될 것입니다.

우주인이나 지구 밖 생명체가 아직은 발견되지 않았지만, 많은 천문학자는 확실하게 그 존재를 믿고 연구를 이어가고 있습니다. 연구가 계속되면 각 천체에 생명이 존재하는지를 알게 되겠지요.

지구 밖 생명체에 관한 연구는 최근 20년 사이에 크게 발전했지만, 우리는 아직 아주 일부분밖에 알지 못합니다. 언젠가 지구 밖 생명체가 발견되었을 때 '이 책에서 읽은 적이 있었어'라고 기억해주신다면 무척 기쁘겠습니다.

2021년 7월

아라후네 요시타카

차례

들어가며 005

제1장 우주에 생명은 있는가?

지구와 우주와 생명 012
생명이란 무엇인가? 016
지구 생명은 어디에서 탄생했나? 020
지구 생명체와 우주의 관계 026
생명체 거주 가능 영역 029

제2장 태양계에 우리 외의 생명체가 있을까?

화성 032
유로파 046
가니메데 052
엔셀라두스 056
타이탄 062
천왕성 066
명왕성 070

제3장 생명 기원의 비밀을 쥐고 있는 소행성

행성과 소행성과 혜성 076
소행성 이토카와 080
소행성 류구 086
앞으로 일본이 탐사할 소행성 091

제4장 태양계 밖의 행성을 찾아서

우주관을 바꾼 페가수스자리-51b 094
트랜싯법과 HD209458b 108
혁명을 가져온 탐사선 케플러 114
케플러의 후속기 TESS 119

제5장 차례차례 발견되는 외계행성

CoRoT-7b 122
GJ1214b 124
글리제-667C의 행성 126
케플러-22b 128
케플러-62f 130
케플러-186f 132
케플러-438b 134
케플러-442b 136
케플러-444의 행성 137
케플러-452b 138
K2-18b 140
센타우루스자리프록시마b 142
칼럼 호킹 박사도 참여한 꿈의 탐사계획 146
트라피스트-1의 행성 148
케플러-1229b 156
로스-128b 158
티가든 별의 행성 160
케플러-1649c 162
KOI-456.04(케플러-160e) 164

맺으며

우리는 유일한 존재인가?

지구 밖 지적생명체에 메시지를 166
지적생명체가 보내는 전파를 수신하라 171
우주인은 어디로 갔을까? 175
지구 생명체와 지구 밖 생명체는 같을까? 178

참고서적, 참고 웹사이트 181
찾아보기 182
부록 184

제1장

우주에 생명은 있는가?

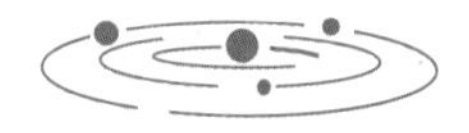

지구와 우주와 생명

이 지구상에는 셀 수 없을 정도로 많은 생물이 있습니다. 인간도 그 중 한 종류입니다. 생물의 수는 확인된 것만 해도 약 190만 종입니다. 아직 인간이 확인하지 못한 생물도 있을 테니 정확한 수는 아무도 모릅니다.

우리가 모르는 사실은 또 있습니다. 이 우주에 생명이 얼마나 존재하는가입니다. 우리는 지구에서 살아가는 동시에 우주에서도 살고 있습니다. 즉, 인간은 우주의 일원이라고 할 수 있습니다. 하지만 우주의 크기를 모릅니다. 심지어 이 우주에 천체가 얼마나 있는지조차 알지 못합니다.

지구와 태양이 포함된 은하에는 태양과 같은 항성이 2000억 개가량 있으리라 추정합니다. 게다가 우주에는 하늘의 은하수 같은 은하가 2000억 개 또는 2조 개나 있다고도 합니다. 말 그대로 헤아릴 수

해변에서 본 은하수(구마모토현 아마쿠사시)

없을 만큼 많습니다. 이 수치들은 계산할 때 추측도 들어가므로 정확한 값을 아는 사람은 없습니다.

이렇게 넓은 우주에서 생명의 존재가 확인되는 곳은 현재까지는 지구밖에 없습니다. 지구는 이 우주에서 생명이 존재하는 단 하나의 천체일까요? 그렇다면 지구는 이 우주에서 무척이나 고독한 천체라고 하겠습니다.

'우주 어딘가 지구가 아닌 곳에 생명체가 있을까?'

누구나 한번은 이런 의문을 가져본 적이 있을 것입니다. 우주인이 등장하는 영화나 소설도 세상에 많이 나와 있습니다. 이것은 수많은 사람이 우주인의 존재에 관심이 있다는 증거이겠지요. 지난 수십 년 사이에는, 상상의 세계에서만 이야기되었던 지구 밖 생명이 과학적 연구 대상이 되기 시작했습니다. 태양이 아닌 다른 항성 주위에서도 행성이 많이 발견되었습니다. 또 태양계 안에서도 생명체가 존재할 가능성이 예전보다 크다고 생각하게 되었습니다.

최근에는 지구의 생명이 우주와 관련이 있을지 모른다는 학설도 나왔습니다. 지구에는 다양한 생물이 살고 있지만, 그 기원을 따라가 보면 우주에 다다른다고 생각하는 연구자도 등장한 것이지요.

생물학에서는 각 생물 종의 특징을 연구하고, 겉모습의 특징으로 생물을 분류하는 경우가 많았는데, 생명의 설계도인 유전정보의 존재가 밝혀지면서부터는 유전정보를 해독하고 비교함으로써 생물의 진화 과정을 어느 정도 알게 되었습니다. 유전정보의 배열이 비슷하고 비슷한 작용을 하는 유전자를 많이 가진 생물은 비교적 최근에 분화된 근연종(생물의 분류에서 관계가 가까운 종류 – 옮긴이)이며, 비슷한 유전자가 별로 없는 생물은 유전적으로 먼 위치 관계에 있음을 알게 된 것이지요.

이렇게 생물의 진화를 따라가 보면 현재의 생물은 모두 공통 조상에서 갈라져 나왔다고 추측할 수 있습니다. 이 조상을 '모든 생물의 공통 조상'(Last Universal Common Ancestor: LUCA)이라고 합니다.

현재 지구에 존재하는 생물은 생명의 설계도인 유전정보가 아데닌(A), 티민(T), 구아닌(G), 시토신(C)의 4종류 염기로 기록되어 있습니다. 그리고 이 유전정보로 만들어진 단백질은 20종류의 아미노산으로 구성되어 있습니다. 이 두 가지가 지구 생물의 큰 특징입니다. 그러므로 모든 생물의 공통 조상의 정체가 더 자세히 밝혀지면 지구 생명이 어떻게 생겨났는지 더 잘 알게 됩니다. 우주의 생명을 이야기하기 위해 지구 생명에 대해 조금 더 자세히 알아봅시다.

우주에서 온 아미노산부터 단백질과 DNA, 단세포생물, 다세포생물, 사람까지 이어지는 모습을 나타내었다. [출처: 일본 국립천문대]

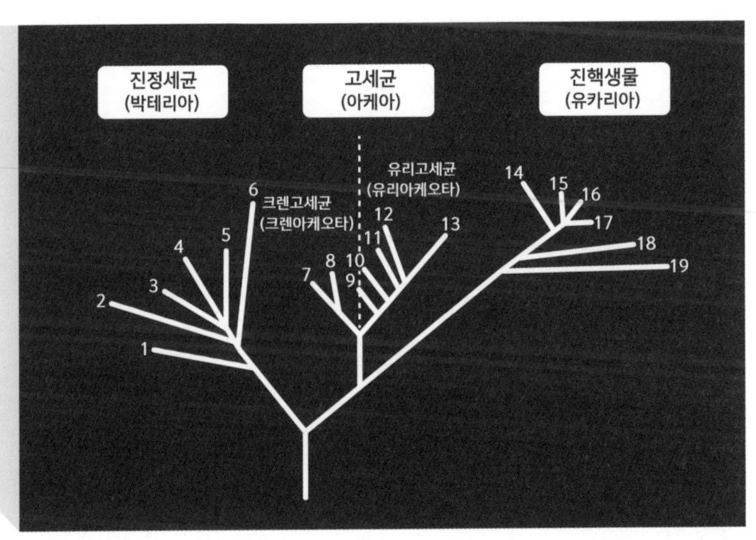

생물의 진화계통도. Carl R. Woese, Otto Kandler, Mark L. Wheelis "Towards a natural system of organisms: Proposal for the domains Archaea, Bacteria, and Eucarya"(Proceedings of the National Academy of Sciences of the United States of America Vol. 87, pp. 4576-4579, 1990)을 변형.

생명이란 무엇인가?

생명이란 도대체 무엇일까요? 이것은 매우 어려운 문제입니다. 사실 생명의 정의는 그리 명확하게 정해져 있지 않습니다. 한 단어로 생명이라고 말하면서도, 대장균처럼 눈에 보이지 않을 정도로 작은 것부터 코끼리나 고래와 같이 큰 동물까지 다양한 대상을 지칭합니다. 이들의 공통점은 무엇일까요?

생명을 자세히 들여다보면 세포라는 단위에까지 이릅니다. 세포는 막으로 외부 세계와 분리되어 있고 그 안에는 DNA(데옥시리보 핵산)와 같은 핵산과 여러 가지 단백질이 존재합니다. DNA에는 생명의 설계도인 유전정보가 4종류의 염기로 기록되어 있고, 그 기록을 사용하여 정해진 순서로 단백질이 만들어집니다.

세포는 외부 세계에서 다양한 물질을 받아들여 세포 안에 있는 단

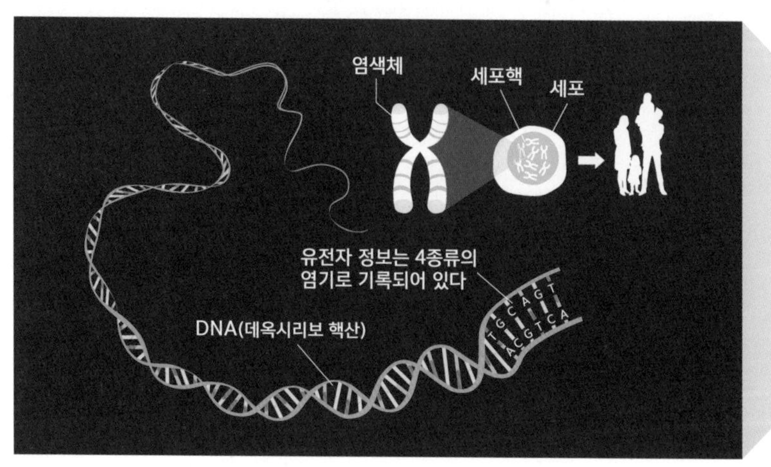

DNA는 아데닌(A), 티민(T), 구아닌(G), 시토신(C)의 4종류의 염기로 구성되어 있다.

백질 등과 화학반응을 일으키면서 생명의 기능을 유지합니다. 이러한 화학반응을 대사라고 합니다. 또 생명은 복제와 증식을 반복하면서 지구상에 퍼지고 있습니다.

이 정보들을 종합하면 생명은 '막으로 외부 세계와 분리되어 있으며, 그 안에서 대사 작용을 하고 복제나 증식을 반복하는 것'이겠지요. 이 말이 틀리지는 않습니다. 지구상의 모든 생물에 해당하는 정의입니다. 하지만 이 조건을 충족한다고 해서 반드시 생물이라고 할 수 있는지, 아니면 이 조건을 만족하지 못하는 생물이 존재하는지는 아무도 모릅니다.

지구 생명체의 유전정보가 4종류의 염기로 기록되어 있다거나, 몸을 구성하는 단백질이 20종류의 아미노산으로 이루어져 있다는 사실처럼 공통으로 보이는 현상은 결과적으로 그렇게 된 것뿐일 수도 있기 때문입니다.

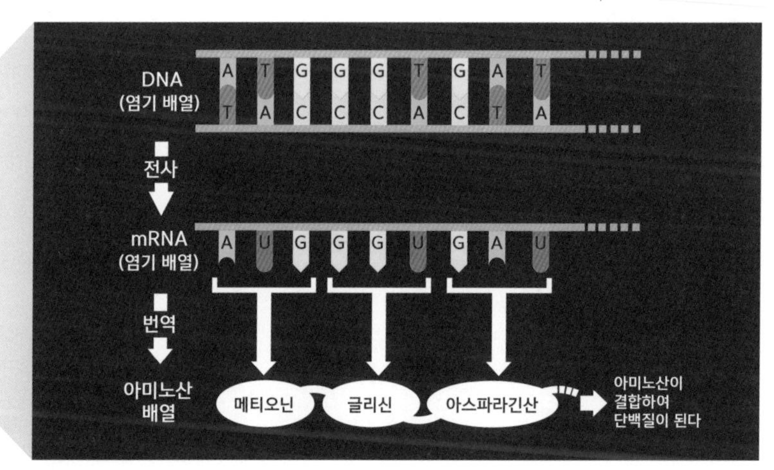

DNA 정보를 기초로 단백질이 만들어진다.

이를 확인하기 위해서는 지구 밖 생물을 실제로 발견하여 자세히 살펴보는 방법밖에 없겠지요. 우주에서의 생명체 탐사는 생명이란 무엇인가를 생각하는 데도 무척 중요해졌습니다.

인간이나 포유류와 같은 대형 동물을 중심으로 생각하면 생물의 서식 범위는 좁게 느껴지지만, 세균(박테리아), 고세균(아케아)과 같은 미생물은 다양한 환경에 서식합니다. 예를 들면, 인간은 산소가 없는 장소에서는 살 수 없지만, 산소가 없는 곳에서도 생존하는 미생물은 많이 있습니다. 또 온도, 산성도, 염기성도, 염도가 높은 곳과 같이 인간은 상상 못 할 정도로 지나치게 혹독한 환경에서도 다양한 미생물이 살아갑니다. 최근에는 지상에서 수십 킬로미터 떨어진 상공에서도 미생물이 채취되었습니다. 이런 혹독한 환경에서 살아가는 미생물을 극한환경 미생물이라고 합니다.

생명의 기원을 생각할 때 극한환경 미생물은 매우 중요합니다. 왜냐하면, 지구는 약 46억 년 전에 탄생한 뒤 한참 동안 산소가 없는 환경이었기 때문입니다. 지구에 처음으로 등장한 생물은 산소가 없는 환경에 서식하는 혐기성 생물이었을 것입니다. 그로부터 20억 년 가량은 혐기성 생물이 크게 번성했습니다.

하지만 지금으로부터 27억 년쯤 전에 지구 생물에게 대사건이 일어났습니다. 광합성으로 산소를 발생시키는 시아노박테리아(남조류)가 생겨나 급격하게 증가한 것입니다. 시아노박테리아가 늘자 바닷속과 대기 중의 산소농도는 점점 올라갔습니다. 혐기성 생물에게 산소는 독과 같습니다. 산소가 있는 장소에 혐기성 미생물은 살아갈 수 없습니다. 지금까지 지구에 퍼져 있던 혐기성 미생물은 점차 자취를 감추어 갔습니다. 그 대신 산소가 필요한 생물이 등장하고 수를 늘려가기 시작했습니다.

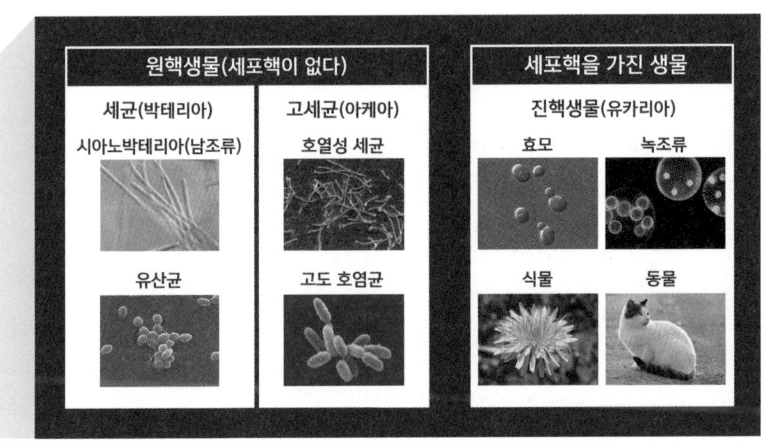

세균, 고세균, 진핵생물의 차이 [출처: Frank Fox(녹조류), NEON(남조류) 외]

시아노박테리아의 사체 등으로 만들어진 암석 '스트로마톨라이트'(오스트레일리아 샤크 베이)

지구 생명은 어디에서 탄생했나?

지구상에 처음으로 생명이 출현한 연대는 확실하지 않지만, 북서 그린란드의 이수아(Isua)에서 발견된, 지금으로부터 38억 년 전에 형성되었다고 추정되는 암석에는 어느 정도 수의 생물이 있었던 흔적이 보입니다. 이 지구에서 최초로 탄생한 생물은 어떤 것이었을까요? 그 힌트는 지구의 '모든 생물의 공통 조상'에 있습니다.

지구 생물의 유전정보를 분석하여 찾은 모든 생물의 공통 조상은 극호열성 메탄 생성균에 가까운 유전정보를 가집니다. 극호열성 메탄 생성균은 심해 곳곳에 있는 열수분출공에 서식하며 열수분출공에서 나오는 수소 등의 화학물질을 먹이로 하여 활동하면서 메탄을 발생합니다. 또, 이름대로 80℃ 정도의 고온 환경에서 서식합니다.

이런 단서들로 보아 지구의 생명이 탄생한 곳은 열수분출공과 같은 환경이었으리라 추측됩니다. 열수분출공에서는 해저로 스며든 해수가 해저 밑에 있는 마그마의 열로 뜨거워져 온도가 400℃에 가까운 열수가 되어 뿜어져 나옵니다. 이때 수소, 철, 아연, 코발트, 이산화규소, 황화수소 등 많은 화학물질이 열수에 녹아 함께 분출됩니다. 그러므로 열수분출공 주위에는 화학물질을 먹이로 에너지를 얻는 화학합성 미생물이 많이 모입니다. 그리고 그 미생물을 먹기 위해 게나 새우 같은 생물이 모여들어 태양광이 내리쬐는 얕은 여울과는 다른 독자의 생태계를 만들어 갑니다.

앞에서 열수분출공에서 400℃에 가까운 열수가 분출된다고 설명했습니다만, '뭔가 이상한데?'라고 생각하시는 분도 계시겠지요. 물은

열수분출공(마리아나 해구). 이산화탄소를 포함한 열수가 분출되는 모습이 하얀 연기처럼 보인다.
[출처: NOAA]

열수분출공(마리아나 해구). 짙은 연기 같은 열수 분출 모습과 새우, 게의 모습이 보인다.
[출처: NOAA]

보통 100℃에서 끓어 수증기가 됩니다. 그러므로 '물이 400℃가 될 수는 없다'라고 생각하는 것도 당연합니다. 하지만 깊은 바다 밑에서는 열수가 400℃ 가까이 되어도 물인 상태가 유지됩니다. 깊은 바다 밑에서 100℃ 이상의 열수가 존재하는 이유는 바로 수압입니다. 압력이 높은 곳에서는 물이 100℃가 넘어도 액체 상태로 분출된다는 말이지요.

조금 다른 이야기로 빠졌는데 다시 돌아가 봅시다. 생물이 처음 탄생했을 무렵에 지구에는 아직 산소가 없었습니다. 산소가 없는 상황에서 생물이 에너지를 얻으려면 메탄 생성균 같은 화학합성을 하는 것이 합리적일 듯도 합니다. 또 초기 지구에서는 바다 밑도 그다지 차갑지 않았을지도 모릅니다. 열수분출공과 같은 곳이 해저에 많이 있었거나 해저의 대부분이 열수분출공과 같은 상태였을지도 모릅니다.

그렇게 보면, 최초의 생명이 열수분출공에서 태어났다고 하는 주장은 설득력이 있습니다. 그러나 열수분출공설에는 문제가 있습니다. 먼저, 당연한 이야기이지만, 깊은 바다 밑에는 물이 대량으로 있습니다. 그러므로 생명의 구성 요소가 되는 화학물질이 존재하더라도 모여서 하나의 세포나 생명이 되기는 어렵다는 점입니다. 또 핵산과 같은 복잡한 분자가 만들어지려면 건조도 중요한 공정입니다. 많은 물이 있는 해저에서는 건조 과정이 없으므로 복잡한 분자가 생성되지 않는다는 의견도 있습니다.

그러면 생명 탄생의 무대로 추정할 만한 다른 장소는 없을까요? 사실 최근에는 땅 위의 온천이 주목을 받고 있습니다. 일본에는 온천이 풍부하여 일본인은 온천을 접할 기회가 많으므로 온천이 생명 탄생의 무대일지도 모른다는 말을 들었을 때 바로 수긍하기는 어렵겠지요. 오히려 '그런 평범한 곳에서?'라고 생각할지도 모르겠습니다. 하지만 온천은 결코 평범한 장소가 아닙니다.

온천도 열수분출공과 마찬가지로 지하에서 많은 화학물질이 열수와 함께 분출됩니다. 생명이 탄생할 무렵에는 대기에 산소가 없었습니다. 환경은 깊은 바다 밑의 열수분출공과 비슷합니다. 게다가 지상의 온천은 깊은 바다 밑에는 없는 이점이 있습니다. 바로 건조가 가능한 환경이라는 점이지요. 일본이나 세계의 온천지를 떠올려 보세요. 온천 중에는 뜨거운 물이 끊임없이 흘러나오는 곳도 있고 간헐천과 같이 일정한 간격으로 솟아 나오는 곳도 있습니다. 두 종류 모두 근처에 있는 웅덩이에 뜨거운 물이 고였다가 증발하여 마르기도 합니다.

물이 증발하면 그 안에 있는 화학물질이 드러나 서로 반응하기 쉬워집니다. 처음에는 간단한 분자밖에 없겠지만 시간이 지나면서 복잡한 분자가 생길 가능성이 있습니다. 그리고 다시 온천의 물이 들어오면 또 다른 새로운 분자가 유입되므로 거듭 새로운 반응이 일어날 것입니다.

육상온천 기원설을 지지하는 사람은 이런 과정이 반복되다가 마침내 생명이 탄생했다고 생각합니다. 어쩌면 작은 웅덩이에서 세포막의 원형이 되는 물질로 둘러싸인 생물도 탄생했을지도 모르겠습니다. 실제로 오스트레일리아에서는 이 이론을 뒷받침하는 드레서 누층이

그랜드 프리즈매틱 스프링이라는 열수천(미국 옐로스톤 국립공원). 서식하는 박테리아에 따라 독특한 색을 띤다.

라는 지층이 발견되었습니다. 이 지층은 약 35억 년 전에 만들어졌으며, 간헐천의 흔적이나 미생물이 모여 있는 '미생물 매트' 같은 것이 있습니다. 왜 미생물 매트 같은 것이 있었는지는 밝혀지지 않았지만, 고대의 지구에는 땅 위에 온천환경이 존재했다는 사실을 보여줍니다.

최초의 생명이 지상의 온천에서 태어났다고 해도 그 생명이 해저로 이동하여 열수분출공 근처에 서식했을 가능성도 있습니다. 앞으로 계속될 연구에서 모든 생물의 공통 조상의 정체가 명확해지면 이 열수분출공설과 온천설 중 어느 쪽이 맞는지도 알게 되겠지요.

스트로마톨라이트 표본(오스트레일리아 마블바). 시아노박테리아의 매트에 의한 층상구조가 보인다. 34억 8000만 년 전. [출처: James St. John]

지구 생명체와 우주의 관계

지구 생명에 대해 잘 알려지지 않은 사실이 하나 더 있습니다. 그것은 생명의 재료가 된 물질이 어떻게 생겨났는가 하는 문제입니다. 생물은 복잡한 구조를 가진 유기분자로 구성됩니다. 이 분자들은 수소, 탄소, 질소, 산소 등을 중심으로 약 20종류의 원소로 만들어져 있습니다. 복잡한 유기분자는 어떻게 지상에 출현하여 생명이 되었을까요?

미국의 화학자 스탠리 밀러는 이 문제에 깊이 파고들어 주목을 받았습니다. 밀러는 초기 지구 대기에서 아미노산이 생겼는지를 확인하기 위해 1953년에 그의 지도 교수였던 해럴드 유리와 한 가지 실험을 했습니다. 그 당시에는 지구 초기의 대기가 메탄, 암모니아, 수소, 물(수증기) 등으로 구성되어 있다고 생각했습니다.

두 사람은 이 기체를 하나의 용기에 넣어 6만 볼트의 고전압을 걸었다가 방전하는 방법을 반복하는 실험을 하였습니다. 실험 장치에는 원시 바다에 해당하는 물을 넣은 용기를 연결해 놓았는데, 실험 후에 물을 분석했더니 글리신, 알라닌, 아스파라긴산, 글루탐산과 같은 아미노산 등의 유기분자가 만들어져 있었습니다. 아미노산은 생명의 재료가 되는 단백질의 재료가 되는 분자입니다. 초기 대기라고 생각되는 성분에서 아미노산이 만들어질 가능성이 보였다는 사실은 전 세계에 충격을 주었습니다.

참고로 고전압의 방전은 초기 지구에서 빈번하게 발생했다고 추측되는 번개를 본뜬 것입니다. 그 후, 비슷한 실험을 몇 가지 더 실시하면서 번개 외에도 자외선, 열, 충격파 등의 영향을 주어 초기 지구 대

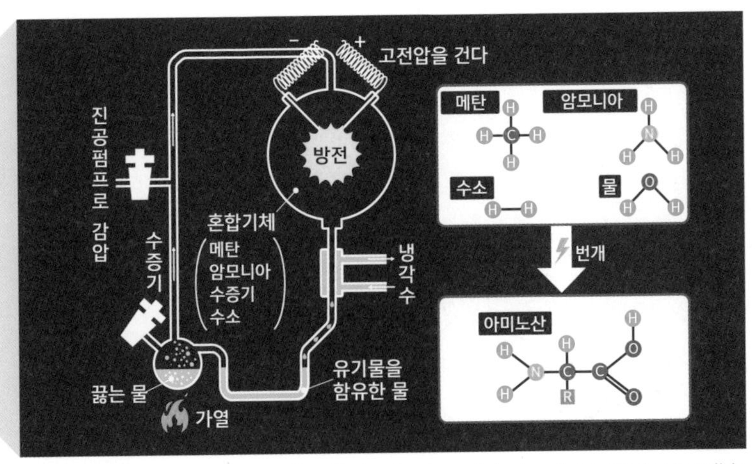

유리와 밀러의 실험. Stanley L. Miller "A Production of Amino Acids Under Possible Primitive Earth Conditions"(Science Vol. 117, Issue 3046, pp. 528-529, 1953)을 변형

기에서 아미노산이 생성되는 모습을 보여주었습니다.

그런데 그 후의 연구에서 초기 지구 대기의 주성분은 이산화탄소, 질소, 수증기였을 것이라는 생각이 우세해졌습니다. 이 성분들로는 아미노산이 쉽게 생성되지 않습니다. 다른 경로의 공급이 필요합니다. 그래서 사람들은 우주로 눈길을 돌렸습니다. 우주 공간은 지구와 비교하면 물질의 밀도가 매우 낮으므로 아무것도 없다는 이미지를 가지는 사람도 있을 것입니다. 하지만 우주에는 유기물이 많이 존재합니다. 우주에서 날아온 운석 중에서 아미노산이나 DNA를 구성하는 아데닌, 구아닌이라는 염기 등이 발견되기도 했으며 우주를 떠도는 작은 먼지인 우주먼지에도 복잡한 유기물이 포함되어 있었습니다. 이런 연구 결과에 따라 지구 생명의 재료는 운석에서 시작되었다는 이론도 제기되었습니다.

지구에서 약 6억 8200만 킬로미터 떨어진 곳에 있는 추류모프 게라시멘코 혜성. 유럽 우주국(ESA)의 탐사선 로제타의 관측에서 글리신(아미노산의 일종)이 발견되어 미생물이 존재한다는 이론이 제기되었다. [출처: ESA/Rosetta/Philae/CIVA]

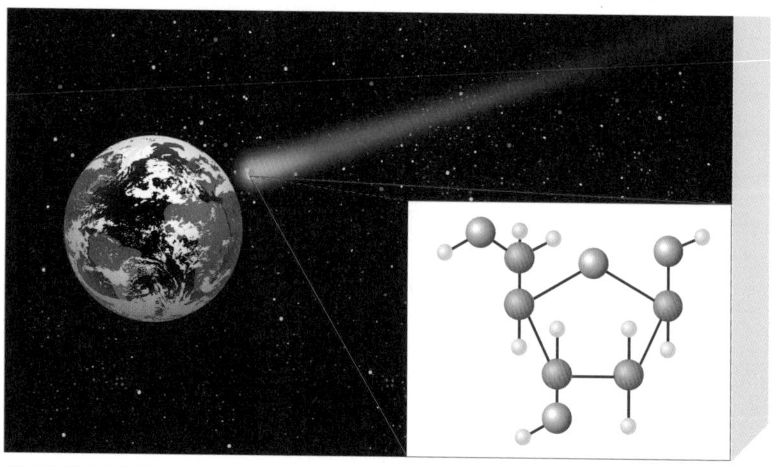

혜성이 '생명의 근원'을 가지고 왔다는 이론을 이미지로 표현하였다. 지구에 떨어진 운석에서 리보스(RNA에 함유된 당 분자)가 발견되었다.

생명체 거주 가능 영역

이제 지구가 아닌 다른 별로 눈을 돌려봅시다. 어떤 천체에 생명이 존재하기 위해서는 유기물, 액체 상태의 물, 에너지, 이 세 가지 요소가 필요합니다. 그중에서도 중요한 열쇠를 쥐고 있는 것이 액체 상태인 물의 존재입니다. 생명체는 복잡한 구조를 띤 분자인 유기물로 구성되어 있습니다. 많은 분자가 만나 반응함으로써 생명체는 자신의 활동에 필요한 에너지를 만들어내고, 복제를 반복하면서 생명 활동을 유지합니다. 우리 인간의 몸도 반 이상이 물로 구성되어 있습니다. 그만큼 생명체에게 물의 존재는 중요합니다.

액체인 물은 다양한 물질을 녹이는 성질을 가지므로 많은 유기물이 만나 반응하는 곳이 됩니다. 즉, 생명이 탄생할 가능성이 생긴다는 말입니다. 어떤 천체에 액체 상태인 물이 존재하는지 아닌지는 그 천체에 생명이 존재하는지 아닌지의 큰 지표가 됩니다.

행성의 경우는 중심별이 되는 항성으로부터의 거리가 액체인 물의 존재 여부에 크게 연관이 있습니다. 항성은 스스로 빛나며 주위에 열과 빛을 방출합니다. 그 열과 빛은 주위에 있는 행성의 환경에 큰 영향을 미칩니다. 그리고 중심별에서 어느 정도의 열과 빛이 도달하는지는 중심별로부터의 거리에 따라 결정됩니다.

여기서 이야기를 조금 정리해봅시다. 중심별에서의 거리가 너무 가까우면 중심별에서 오는 열과 빛이 너무 강하기 때문에 물은 증발하여 기체인 수증기가 되어버립니다. 태양계에는 수성과 금성이 이러한 상태입니다. 반대로 중심별에서 거리가 너무 멀면 이번에는 표면에 물이 있어도 얼어버려 액체 상태인 물이 존재하지 않습니다. 태양계에서는 화성보다 먼 곳에 있는 천체들이 이런 상태일 것으로 추정됩니다. 다만 초기의 화성은 고농도 이산화탄소의 대기가 존재했으므로 표면에 액체 상태인 물이 존재했을 것입니다. 행성의 표면에 액체인 물이 존재하기 위해서는 행성이 중심별에서 너무 가깝지도, 멀지도 않은 적당한 거리에 위치해야 합니다. 그런 거리에 들어맞는 범위를 생명체 거주 가능 영역(habitable zone)이라고 합니다. 태양계에서 생명체 거주 가능 영역에 들어가는 행성은 지구뿐입니다. 이런 의미에서도 지구는 매우 귀중한 행성입니다. 덧붙이자면 생명체 거주 가능 영역에는 지구의 위성인 달도 들어갑니다. 하지만 달에는 대기와 액체 상태인 물이 존재하지 않아 생명은 없다고 판단됩니다.

그러면 태양계에서 생명체가 존재할 가능성이 있는 천체는 없을까요? 사실 최근에 몇몇 천체에 생명이 존재할지도 모른다는 논의가 진행되고 있습니다. 다음 장에서 어떤 천체들이 그 대상으로 논의되는지 살펴보기로 합시다.

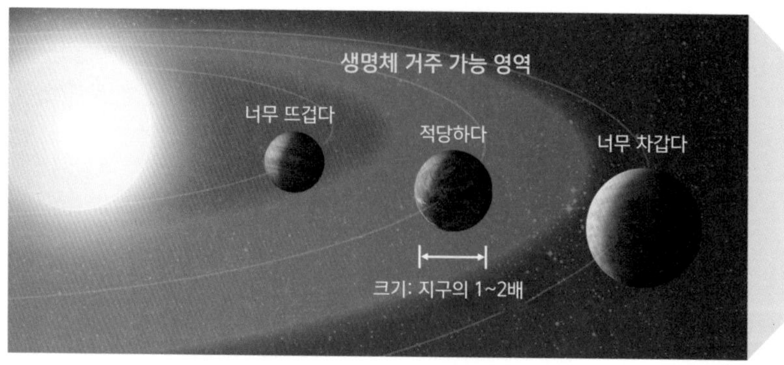

생명체 거주 가능 영역 [출처: NASA]

제2장

태양계에 우리 외의 생명체가 있을까?

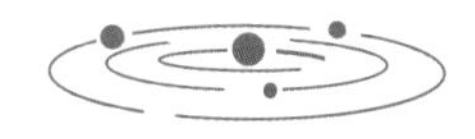

화성

화성은 태양계의 제4 행성입니다. 지구 바로 바깥에 있어 쉽게 관측되는 천체 중 하나입니다. 지구 밖 생명을 생각할 때 화성을 빼놓으면 안 됩니다. 왜냐하면, 화성은 인류가 지구 밖 생명의 존재를 구체적으로 의식한 최초의 천체였기 때문입니다.

화성에 지구 밖 생명이 존재할지도 모른다는 가설이 처음으로 발표된 때는 19세기 말경입니다. 이 가설을 발표한 사람은 미국의 실업가이기도 했던 퍼시벌 로웰입니다. 그는 자기 재산을 털어 1894년에 미국의 애리조나주 플래그스태프에 로웰 천문대를 세우고 화성을 관측하는 일에 몰두했습니다.

그가 화성 관측에 몰두하게 된 계기는 이탈리아의 천문학자 조반니 스키아파렐리가 그린 화성 표면의 그림이었습니다. 그 스케치에는 직선 형태의 짧은 선이 많이 그려져 있고, 그 무늬가 '카날리'로 설명되어 있었습니다.

이탈리아어에서 '카날리'는 '줄기', '물길', '수로'를 뜻하는 단어인데 스키아파렐리는 단순히 직선 모양의 줄기가 있다는 정도를 뜻했을 것입니다. 하지만 이 스케치가 전 세계로 퍼져 로웰이 알게 되었을 때는 운하를 의미하는 '커낼'로 전해졌습니다.

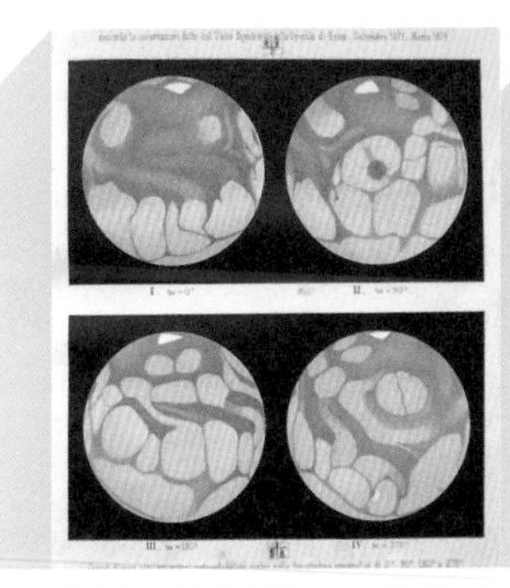

조반니 스키아파렐리가 그렸다고 알려진 화성의 스케치(1877~1878년)

조반니 스키아파렐리(1835~1910년). 아킬레 벨트라메의 그림에서

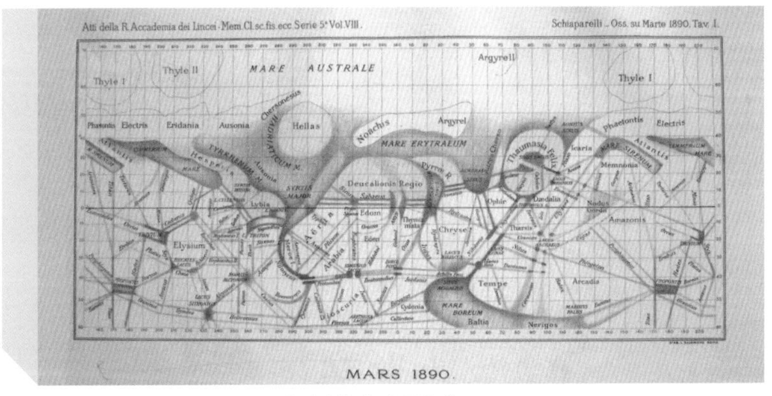

조반니 스키아파렐리가 그렸다고 알려진 화성도(1890년)

로웰이 천문대를 만든 이유는 이 사실을 확인하기 위해서였습니다. 실제로 그는 천문대에 설치된 당시 최첨단 망원경으로 화성 표면을 관찰하고 운하 같은 직선 모양이 있다는 사실을 확인하였습니다. 그리고 화성의 표면에 많은 운하가 만들어져 있는 점에서 화성에는 고도의 문명을 누리는 지적생명체, 즉 화성인이 있다고 결론지었습니다.

로웰의 화성인 존재설은 전 세계에 큰 충격을 주었고 많은 사람이 화성에 주목하는 계기가 되었습니다. 또, 영국의 소설가 허버트 조지 웰스는 로웰의 주장에 자극받아 화성인이 지구를 침략하는 SF 소설 『우주 전쟁』을 1898년에 발표하였습니다. 그러나 전문가들은 이 주장에 의문을 품었고, 화성인 존재설은 큰 논쟁으로 발전하기 시작했습니다.

19세기 말에 제창된 로웰의 화성인 존재설은 당시의 관측기술로는

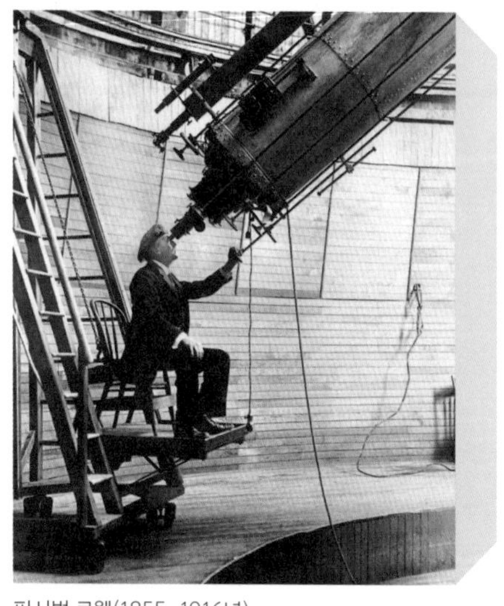
퍼시벌 로웰(1855~1916년)

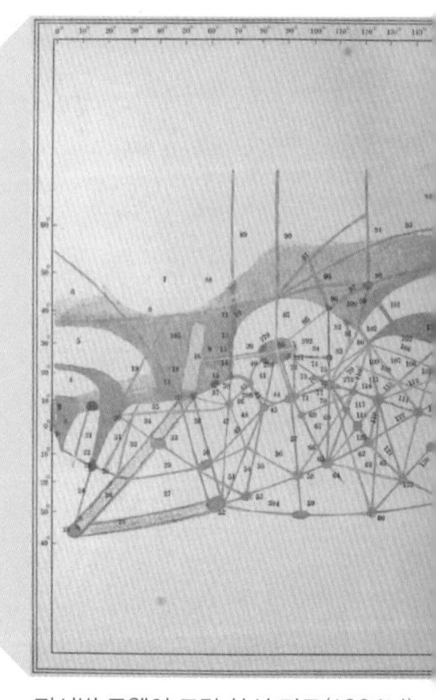
퍼시벌 로웰이 그린 화성 지도(1896년)

확인하지 못했습니다. 이 이론이 구체적으로 검증 가능해진 시기는 20세기 후반에 들어서입니다. 1957년, 소비에트 연방(소련, 현재의 러시아)이 세계 최초의 인공위성 스푸트니크 1호를 쏘아 올리는 데 성공하면서 우주 시대의 막이 올랐습니다. 1964년에는 미국의 탐사선 마리너 4호가 화성에 접근해 스쳐 지나며 관측하는 '플라이바이 관측'을 실행했습니다. 이때 화성 표면의 사진이 스무 장 정도 촬영되었습니다.

1971년에는 미국의 탐사선 마리너 9호가 세계 최초로 화성 주회 궤도에 투입되었습니다. 마리너 9호가 촬영한 화상은 7329장입니다. 화성 표면의 약 80%의 영역이 사진 데이터로 지상에 전송되어 화성 표면의 지형이 자세하게 알려지게 되었습니다.

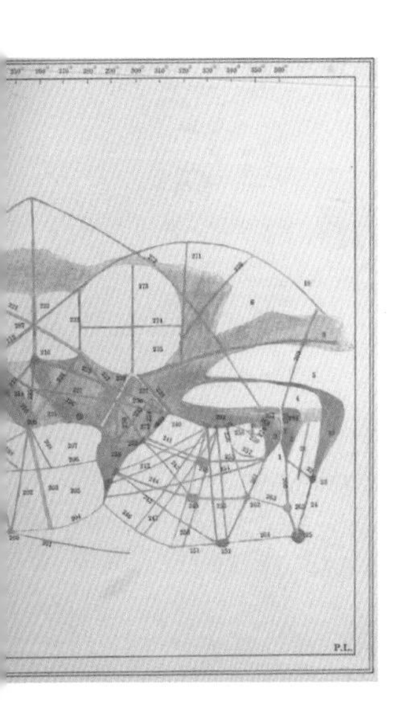

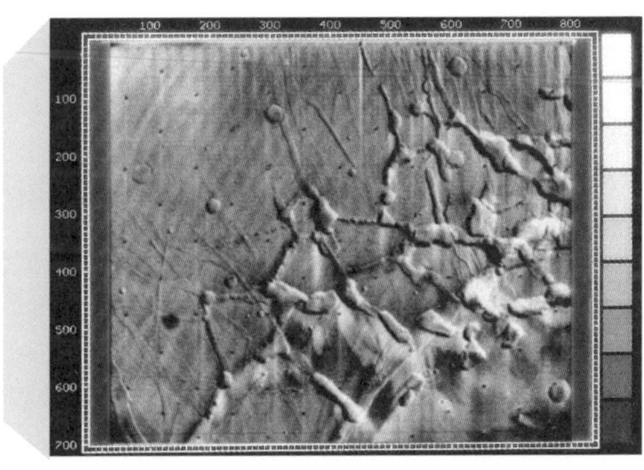

마리너 9호가 보낸 화성 표면 사진(1972년 촬영) [출처: NASA]

다만 이 지형 중에는 로웰의 주장과 같은 운하는 어디에도 보이지 않았습니다. 물론 화성인과 화성문명의 흔적도 발견되지 않았습니다. 이로써 로웰이 주장했던 화성인 존재설은 부정되었습니다.

그렇다면 화성에 생명은 존재하지 않는 걸까요? 사실 그렇게 딱 잘라 말하지는 못합니다. 화성에는 화성인 같은 큰 생물은 없었지만, 육안으로는 보이지 않는 미생물이 존재할 가능성이 있기 때문입니다. 이미 미국을 중심으로 소련, 유럽, 인도, 중국 등의 국가와 지역이 화성에 탐사선을 보내고 있습니다.

화성 탐사는 처음에는 플라이바이 탐사선이나 천체의 궤도를 도는 궤도선에서 멀리서 관찰하는 방법뿐이었지만, 화성 표면의 모습이 알려지면서 착륙선(랜더)과 탐사차(로버)를 보내 화성의 대지에서 더 자세한 정보를 수집하게 되었습니다. 한편, 일본도 1998년에 화성탐사선 노조미를 쏘아 올렸으나 화성의 궤도에 진입하지는 못했습니다.

이 탐사들로 화성은 과거에 지구와 같이 온난 습윤하고 액체 상태의 물이 풍부한 행성이었을 가능성이 있다는 점이 밝혀졌습니다. 현재의 화성은 붉고 건조한 대지가 펼쳐진 행성으로 생명의 존재는 거의 느껴지지 않습니다. 가끔 불어치는 모래폭풍은 생명이 살아가기에는 가혹한 환경임을 강하게 알려줍니다.

게다가 화성 표면에는 대기가 거의 없고 표면은 거의 모든 장소에서 0℃ 이하입니다. 연간 최고 기온은 20℃ 정도, 최저 기온은 영하 140℃ 이하로 떨어져 연간 평균기온은 영하 40℃에도 미치지 않습니다. 이런 행성이 과거에 온난 습윤했다니 참 믿기 어려운 일입니다.

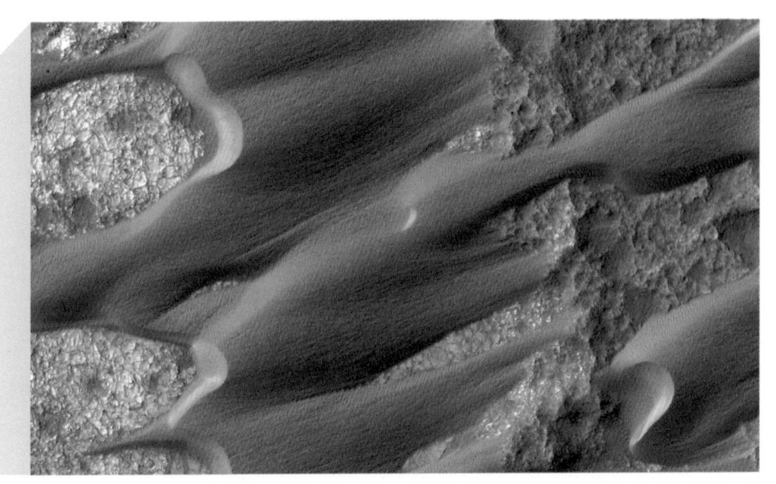

화성에 있는 닐리 파테라 지역의 사구. 연속적으로 촬영하여 바람에 의해 모양이 바뀌고 있다는 사실을 알게 되었다(2014년 촬영). [출처: NASA/JPL-Caltech/University of Arizona]

물과 대기가 많이 존재했던 시기의 화성(왼쪽)과 지금의 황량한 화성(오른쪽)의 이미지
[출처: NASA's Goddard Space Flight Center]

그러나 화성의 표면을 조사해 보니 바다나 강이 있어야만 만들어지는 퇴적암과 액체 상태인 물이 있어야 생기는 광물 등이 발견되었습니다. 이 발견은 과거 화성의 표면에는 지구와 비슷하게 바다나 강과 같은 액체인 물이 존재했다는 사실을 보여줍니다.

또 현재 화성의 대기압은 지구의 100분의 1 정도밖에 안 되지만, 화성이 생겨난 직후에는 이산화탄소를 중심으로 한 대기가 1기압 정도 존재했을 가능성이 있습니다. 이산화탄소는 기온을 높이는 온실효과 가스 중 하나입니다.

화성은 지구보다 태양에서 멀리 떨어져 있어 태양에서 오는 열과 빛은 지구보다 적지만, 온실효과가 있는 이산화탄소의 대기가 많이

화성의 히든 밸리라고 불리는 작은 계곡의 암석(2014년 촬영). 예전에 물이 있었던 것으로 보이며 강의 퇴적물이 남아 있다. [출처: NASA/JPL-Caltech/MSSS]

있던 시기에는 대기 중에 열이 축적되어 지구와 같은 온난하고 습윤한 환경이 유지되었을지도 모르겠습니다. 그 시기에는 화성의 표면에 바다나 강이 존재했다고 해도 이상하지 않겠지요.

그리고 바다와 강이 있었다는 말은 생명이 탄생했을 가능성도 있다는 뜻입니다. 화성에서 아직 생명이 발견되지 않았지만, 과거의 화성에는 생명이 존재했을지도 모릅니다. 현재의 화성 탐사에서는 미생물 자체를 발견하기 위한 탐사뿐만 아니라, 과거에 미생물이 남긴 흔적을 찾는 일도 진행하고 있습니다. 그 흔적이 발견되기만 해도 지구 외의 천체에 생명이 있었던 증거가 되므로 우주 생명과학에서 엄청난 발견이 될 것입니다.

화성의 옐로우나이프 만에서 본 글레넬그 지역의 퇴적물(2013년 촬영)
[출처: NASA/JPL-Caltech/MSSS]

화성이 온난 습윤한 기후였던 시기는 화성의 탄생 이후 3억 년 정도였다고 생각됩니다. 그로부터 시간이 지나면서 화성의 대기가 급속히 사라지고 현재와 같은 황량한 환경이 되었습니다. 이런 환경에서 생명이 살 수 있을까요?

생명이 존재하기 위해서는 '유기물, 액체 상태인 물, 에너지'의 세 가지 요소가 필요합니다. 사실 지금까지의 탐사에서 화성의 지하에는 얼음과 물이 존재한다고 알려졌습니다.

2007년에 발사되어 2008년에 화성의 대지에 착륙한 미국의 착륙선 마스 피닉스는 북극지방의 지면에 깊이 7~8센티미터 정도의 웅덩이를 파고 흰색 물체가 존재한다는 사실을 발견하였습니다. 이 물체는

피닉스의 화성 탐사 모습 [출처: NASA]

발견 후 4일 뒤에는 사라져 버렸기 때문에 얼음이나 서리일 것이라고 추측됩니다. 나중에 피닉스가 이 토양을 가열했을 때 수증기가 발생한 점을 보아 흰색 물체는 얼음이나 서리일 가능성이 커졌습니다.

또 2005년에 발사되어 2006년에 관측을 시작한 미국의 궤도선 화성정찰위성(Mars Reconnaissance Orbiter: MRO)은 여름에 나타나고 가을이 되면 사라지는 의문의 줄무늬를 발견하였습니다. 이 줄무늬는 여름이 되면 반복적으로 나타납니다. 그래서 'RSL'(Recurring Slope Lineae: 반복해서 나타나는 경사면의 줄무늬)이라고 불렸습니다. 이 무늬는 마치 액체 상태인 물이 흐른 자국처럼 보이는 점이나 함수 광물이 많이 포함되어 있다는 점에서 화성의 지하에 얼음이나 물이 존재하는 증거 중

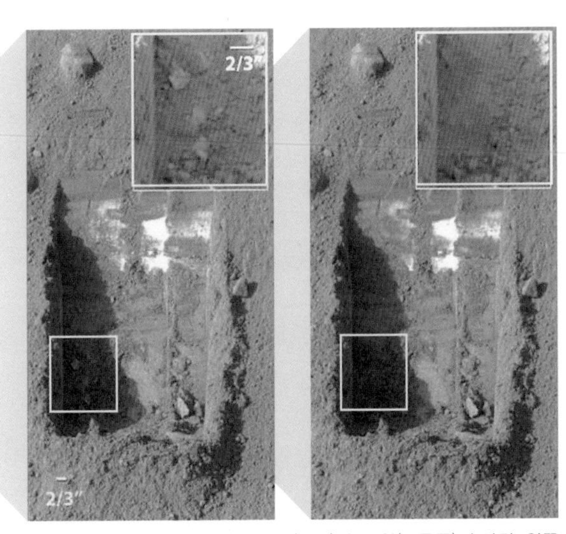

피닉스가 기록한 2008년 6월 15일(왼쪽)과 19일(오른쪽)의 사진. 왼쪽 사진에서 구덩이의 왼쪽 밑에 있던 하얀 덩어리(오른쪽 위에 확대)가 4일 만에 사라졌다. [출처: NASA/JPL-Caltech/University of Arizona/Texas A&M University]

화성정찰위성의 화성 탐사 모습 [출처: NASA]

화성정찰위성이 찍은 줄무늬(2013년 촬영). 물이 흘러서 생긴 흔적처럼 보인다.
[출처: NASA/JPL-Caltech/University of Arizona]

퍼시비어런스의 화성 탐사 모습 [출처: NASA/JPL-Caltech]

하나라고 판단됩니다.

만약, 화성의 지하에 얼음과 물이 많이 있다면 미생물이 존재할 가능성도 큽니다. 화성의 지하에서 얼음이나 물, 그리고 미생물이 존재한다는 것을 알려주는 직접적인 증거가 발견되기를 기다리며 현재 화성에는 많은 탐사선이 활동 중입니다.

그중에서도 2021년에 화성에 도착한 미국의 탐사차 퍼시비어런스가 특히 주목받고 있습니다.

퍼시비어런스에는 23대의 카메라와 7개 종류의 관측장비가 탑재되어 화성의 대기와 지질 등을 자세하게 조사합니다. 그중 팔 끝에 달린 셜록이라는 장치는 유기물이나 광물을 분석하는 현미경 등의 기기로 구성되어 있어 과거에 존재했던 생명의 흔적을 찾습니다.

또, 인저뉴어티라는 헬리콥터형 드론도 탑재되어 지금까지 아무도 본 적 없었던 새의 시점에서 화성의 대지를 볼 수 있습니다. 이로써 궤도선에서는 보지 못했던 새로운 지형이 발견될 가능성도 있습니다.

퍼시비어런스는 화성의 토양을 지구에 가지고 돌아오는 화성 시료 귀환 계획의 한 축을 맡고 있습니다. 일단 퍼시비어런스가 화성의 토양을 채취하여 튜브 모양의 용기에 밀봉하여 화성의 표면에 놓아둡니다. 이 용기는 미국 항공 우주국(NASA)과 유럽 우주국(ESA)이 개발한 탐사차, 귀환 로켓, 궤도선을 이용하여 지구로 보내집니다.

이 탐사차, 귀환 로켓, 궤도선은 모두 2026년에 발사되어 2028년경에 화성에 도착하기로 되어 있습니다(2021년 현재 예정). 도착한 탐사차는 퍼시비어런스가 남긴 용기를 주워 모아 캡슐에 넣습니다. 이 캡슐을 귀환 로켓에 싣고 화성의 지표에서 쏘아 올리면 화성 상공의 궤도선으로 캡슐이 옮겨집니다.

그리고 캡슐을 실은 궤도선은 화성의 궤도를 벗어나 퍼시비어런스가 채취한 시료를 지구로 보냅니다. 화성의 토양을 지구로 가지고 오면 최첨단 기기로 자세하게 분석할 수 있으므로 화성과 생명의 관계가 더욱 명확하게 밝혀지겠지요.

퍼시비어런스가 촬영한 인저뉴어티(2021년 4월 22일 촬영) [출처: NASA/JPL-Caltech/ASU/MSSS]

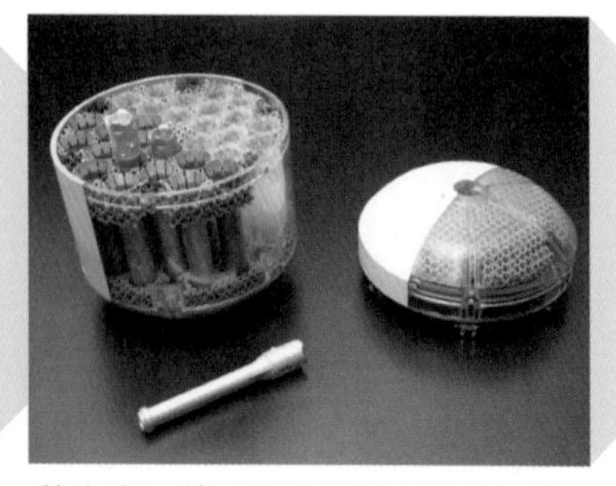

화성 시료 귀환 계획에 사용할 캡슐의 콘셉트 모델 [출처: NASA/JPL-Caltech]

퍼시비어런스가 먼저 제제로라는 크레이터를 탐사한다. 크레이터 안에 있는 언덕의 사진을 찍어 보내고 있다(2021년 4월 29일 촬영). [출처: NASA/JPL-Caltech/ASU/MSSS]

제제로는 수십억 년 전, 이 상상도와 같은 호수였다고 추측된다. 흘러 들어가는 강(왼쪽 위)과 흘러 나가는 강(오른쪽 아래)의 흔적이 지금도 남아 있다. 퇴적물의 자세한 분석을 기다리고 있다.
[출처: NASA/JPL-Caltech]

유로파

유로파는 태양계에서 가장 큰 행성인 목성의 주위에 위치하는 위성 중 하나입니다. 목성은 태양에서 7억 7800만 킬로미터 정도 떨어진 위치에서 공전하는 거대 가스 행성으로 70개 이상의 위성이 발견되었습니다.

목성에 위성이 있다는 사실을 처음 발견한 사람은 이탈리아의 갈릴레오 갈릴레이입니다. 갈릴레이는 17세기 초, 당시에 발명된 망원경을 스스로 만들어 최초로 천체를 관측한 인물로 유명합니다. 그가 망원경으로 관측한 천체 중 하나가 목성입니다. 그리고 목성을 관찰하던 중에 4개의 위성의 존재를 알게 되었습니다. 이 위성들은 이오, 유로파, 가니메데, 칼리스토라고 하며 4개를 합쳐서 갈릴레오 위성이라고 합니다.

유로파는 지름 3138킬로미터로 갈릴레오 위성 중에서 가장 작은 위성입니다. 그러나 표면이 얼음으로 덮여 있고 태양광을 잘 반사하기 때문에 태양계 안에서도 밝은 위성 중 하나로 알려져 있습니다.

얼음으로 덮여 있다는 점에서 알 수 있겠지만, 유로파는 표면의 평균온도가 영하 170℃ 정도인 혹한의 환경입니다. 표면에는 크레이터가 거의 없고 매끈하지만, 암갈색의 얼룩이나 줄 모양이 많이 있습니다. 이 얼룩과 줄 모양은 유로파 내부의 열의 영향으로 표면의 얼음이 녹아서 생긴 흔적이라고 추측됩니다.

유로파는 얼음 밑에 액체 상태인 바다(내부 바다)가 있어, 거기에 생명이 있을지도 모른다는 기대를 하게 합니다. 유로파는 태양계 중에서 가장 무거운 행성인 목성 근처에 있습니다. 위치 관계로 말하면 목성에 가장 가까운 위성이 이오이고 그 바로 바깥쪽에 유로파가 있습니다.

목성의 큰 위성 4개. 왼쪽의 이오가 목성에 가장 가깝고, 유로파, 가니메데, 칼리스토가 그 뒤를 잇는다. [출처: NASA/JPL/DLR]

유로파. 탐사선 갈릴레오에서 찍은 사진(1990년대 후반)을 조정
[출처: NASA/JPL-Caltech/SETI Institute]

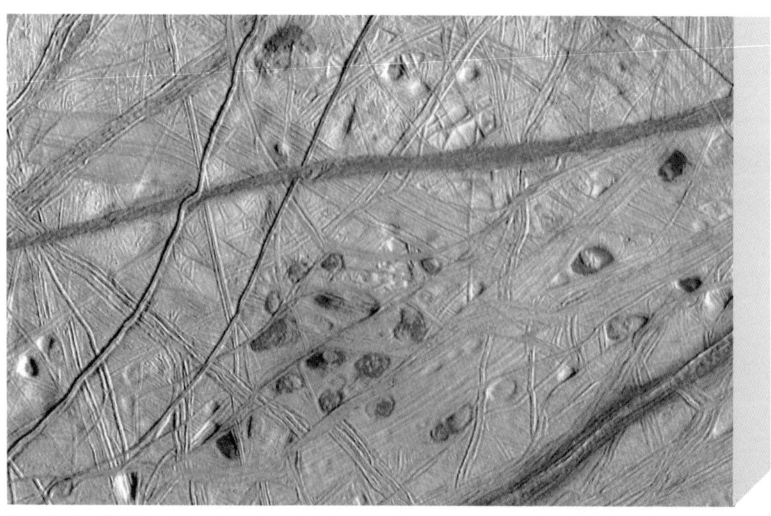

유로파의 표면. 얼룩이나 주근깨 같은 것이 얼음 밑에 물이 있는 증거라고 추측한다.
[출처: NASA/JPL/University of Arizona/University of Colorado]

유로파의 지표 단면, 목성(오른쪽 위), 이오(가운데 위) 모습. 이오에서 방출된 유황에서 생성된 황산마그네슘이 유로파에서 관측되었다. 이 때문에 표면의 얼음 밑에 염화마그네슘 등의 염화물을 함유한 액체 상태의 바다가 있을 것으로 기대한다. [출처: NASA/JPL-Caltech]

유로파는 목성의 강한 중력의 영향으로 럭비공처럼 모양이 변합니다. 목성뿐만이 아니라 이오, 가니메데, 칼리스토의 영향도 받기 때문에 각 위성의 위치 관계에 따라 변형의 정도가 다릅니다. 이처럼 중력의 영향에 따라 천체를 변형시키는 힘을 조석력이라고 합니다. 유로파는 조석력에 의해 중심 부분에 열이 발생하여 내부에 바다가 생겼을 것으로 추측합니다.

목성에 가장 가까운 위성인 이오는 표면에 활발한 분화가 계속되는 화산이 있다는 사실로 유명합니다. 이오의 화산활동을 일으키는 힘도 목성이나 다른 위성으로부터 받는 조석력입니다. 유로파의 내부에서도 화산활동이 일어난다면 해저에 열수분출공이 생겨 내부 바

유로파에서 수증기 분출로 보이는 것이 관측된다. 만약 이 상상도대로라면, 내부 바다의 성분을 조사하기 좋다. 유로파 클리퍼의 현지 탐사에서 밝혀지기를 기다리고 있다.
[출처: Goddard/Katrina Jackson/NASA]

다를 만들어내는 원동력이 되었을 것입니다.

현재 NASA에서는 유로파의 내부 바다나 얼음 지각 등을 탐사하는 유로파 클리퍼라는 탐사선을 발사할 계획을 진행 중입니다. 유로파 클리퍼의 탐사가 시작되고 유로파의 자세한 모습이 알려지면 유로파에 있을지도 모르는 생명에 대해서도 새로운 정보를 얻게 됩니다.

유로파 클리퍼의 탐사 모습 [출처: NASA/JPL-Caltech]

유로파 클리퍼에 탑재될 기기 중 하나인 PIMS. 플라스마를 관측하여 얼음의 두께와 내부 바다의 깊이 등을 알아내는 것이 목적이다. [출처: NASA/Johns Hopkins APL/Ed Whitman]

가니메데

목성의 위성에는 생명의 존재가 기대되는 천체가 하나 더 있습니다. 바로 가니메데입니다. 가니메데는 지름 5262킬로미터로 목성 최대의 위성인 동시에 태양계 최대의 위성입니다.

가니메데의 표면은 어두운 부분과 밝은 부분으로 확실하게 구분됩니다. 어두운 부분은 가니메데의 지각변동으로 인한 영향을 그다지 받지 않아 약 40억 년 전에 만들어진 크레이터나 물길이 그대로 남아 있는 것으로 보입니다. 밝은 부분에는 크레이터가 적고 지각변동으로 만들어진 물길과 산등성이가 많이 있습니다. 이 밝은 부분은 약 20억 년 전에 생성된 지형으로 어두운 부분보다 비교적 새로운 시대에 만들어졌습니다.

가니메데는 20억 년 전까지는 지각변동이 활발하게 일어났던 것 같지만, 현재도 활발한지는 알려지지 않았습니다. 또, 목성 탐사선 갈릴레오의 관측에 따르면 가니메데에는 자기장이 있는 것으로 보입니다. 이 자기장은 가니메데의 중심에 있는 금속 핵의 일부가 액체이기 때문에 생겼을 것으로 판단하고 있습니다. 즉, 가니메데는 지구와 마찬가지로 금속 핵에 의해 발생하는 자기장을 가지는 천체입니다.

가니메데의 표면은 얼음으로 덮여 있지만, 그 얼음 밑은 유로파와 마찬가지로 액체 상태인 바다가 존재합니다. 그러나 이 내부 바다가 어떤 환경인지, 해수는 어느 정도 있는지 등의 자세한 사항은 전혀 알려지지 않았습니다.

목성(왼쪽)과 위성 가니메데(오른쪽)의 모습. [출처: https://www.shutterstock.com/ko/image-illustration/ganymede-satellite-jupiter-3d-illustration-1760999870]

현재 ESA(유럽 우주국)를 중심으로 가니메데를 비롯한 목성의 위성을 탐사하기 위한 목성 얼음 위성 탐사 계획(JUICE)이 진행되고 있습니다. 이 계획에는 일본의 연구자도 참가하여 서브밀리미터파 관측장비, 레이더 고도계의 개발 등을 함께 하고 있습니다.

JUICE의 탐사선은 2022년 6월에 유럽의 아리안5 로켓으로 발사가 예정되어 있습니다. 그리고 금성, 지구, 화성에서 스윙바이*로 궤도를 바꾸면서 목성을 향해 비행하다가 2029년에 목성 궤도에 진입할 예정입니다. 그다음 칼리스토와 유로파를 플라이바이로 관측하며 2032년 9월에 가니메데의 주회 궤도에 투입됩니다.

가니메데에서는 9개월 정도의 기간에 걸쳐 탑재된 11개의 관측기기를 사용하여 다양한 자료를 수집합니다. 그 데이터를 분석하여 가니메데의 표면 상태는 물론, 내부구조도 조사하고 자기장의 발생 메커니즘과 내부 바다가 존재하는지 등을 알아봅니다.

목성의 위성에는 목성의 재료가 된 물질이 그대로 남아 있을 가능성이 있습니다. 가니메데를 비롯해 목성 위성을 탐사하여 목성의 재료에 대한 자세한 정보를 얻으면 목성이 만들어졌을 시기의 초기태양계의 모습을 더 자세히 알게 되겠지요.

* 천체의 중력을 이용하여 궤도를 바꾸는 방법. 연료가 절약된다.

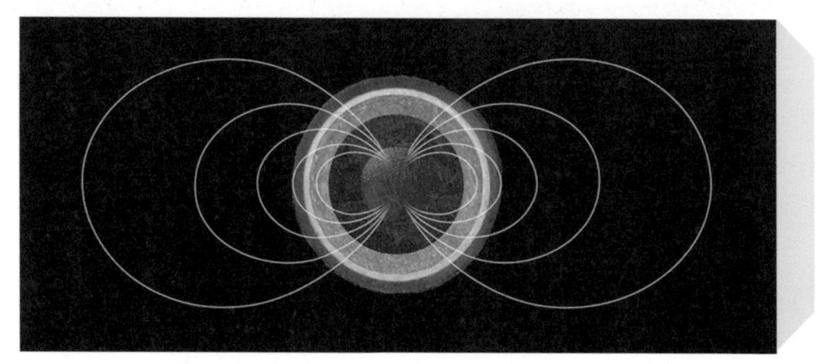

가니메데의 구조와 자기장의 모습. 가니메데의 표면에는 얼음층이 있고, 그 아래에는 염수인 내부 바다, 그 밑에는 얼음으로 된 맨틀, 암석으로 된 맨틀이 있다. 중심은 철 성분을 함유한 핵이 있어 자기력선이 발생한다. [출처: NASA/ESA/A. Feild(STScI)]

JUICE 탐사선의 탐사 모습
spacecraft: ESA/ATG medialab; Jupiter: NASA/ESA/J. Nichols(University of Leicester); Ganymede: NASA/JPL; Io: NASA/JPL/University of Arizona; Callisto and Europa: NASA/JPL/DLR

엔셀라두스

엔셀라두스. 남반구에 타이거 스트라이프라는 줄무늬가 보인다.
[출처: NASA/JPL/Space Science Institute]

엔셀라두스는 태양에서 약 14억 3000만 킬로미터 떨어진 위치에서 공전하는 토성의 위성 중 하나입니다. 토성 주위에서는 80개가 넘는 위성이 발견되었습니다. 엔셀라두스는 지름이 약 500킬로미터로, 토성의 위성 중에서 6번째로 큰 위성입니다.

엔셀라두스는 표면이 얼음으로 덮여 있고, 표면의 평균온도는 영하 200℃ 정도로 생명체가 존재한다고 생각하기 어려운 얼음에 갇힌 세계입니다. 그러나 이 천체는 태양계 중에서도 1, 2위를 다툴 정도로 생명의 존재가 기대되고 있습니다. 도대체 이 천체의 어디에 생명체가 존재한다는 말일까요?

그 단서를 제공해주는 것이 엔셀라두스의 남반구에 만들어져 있는 몇 개의 줄무늬입니다. 이 줄무늬는 호랑이의 줄무늬와 비슷해 '타이거 스트라이프'라고 불립니다. 2005년, 미국의 토성 탐사선 카시니가 엔셀라두스의 타이거 스트라이프에서 무엇인가 분출하는 모습을 찍었습니다.

이 분출물의 주성분은 얼음 입자와 수증기, 즉 물이었습니다. 이 일로 엔셀라두스의 내부에서 물이 분출된다는 사실이 알려졌습니다. 얼음으로 덮여 있지만, 그 안까지 얼어 있지는 않은 것 같습니다. 카시니의 관측에 따르면 엔셀라두스의 내부에는 액체인 물이 가득한 바다가 있을 가능성이 있습니다.

엔셀라두스에서 분출된 얼음 입자는 토성에 형성되어 있는 12개의 링 중 하나인 E 링을 형성합니다. E 링의 성분을 자세히 조사해 보니 물뿐만 아니라 유기물과 미세한 실리카(이산화규소)의 입자인 나노 실리카가 함유되어 있었습니다. 나노 실리카란 5~10나노미터 크기의 눈에 보이지 않을 정도로 작은 실리카 입자입니다.

실리카는 암석의 주성분으로 지구 표면에도 많이 있습니다.

E 링에서 관측된 나노 실리카는 엔셀라두스의 내부에 있는 암석과 물이 반응하여 생긴다고 생각되었습니다. 실제로 지구상의 실험실에서 엔셀라두스 내부의 환경을 재현하여 실험해 보았더니 고온, 고압의 환경에서 많은 실리카가 물속에 녹아드는 현상을 볼 수 있었습니다.

엔셀라두스의 표면이 얼음으로 뒤덮여 있다는 데서도 알 수 있겠지만, 표면에 가까워지면 내부 바다의 수온은 0℃에 가까워질 것입니다. 이러한 환경에서 나노 실리카가 만들어지려면 해저 부근에 90℃ 이상의 열수 환경이 필요합니다.

엔셀라두스는 지름 500킬로미터 정도의 작은 천체입니다. 이런 천체는 만들어진 직후에는 내부에 열을 가지고 있다 해도 시간이 지나

토성의 E 링 위를 도는 엔셀라두스 [출처: NASA/JPL/Space Science Institute]

면서 온도가 낮아져 차가운 천체가 되어갑니다.

그러나 관측이나 실험의 결과를 종합해 보면 엔셀라두스의 중심 부분에는 어떤 열원이 있어 현재에도 계속 열을 방출할 가능성이 있습니다.

다시 말해, 엔셀라두스에는 생명의 탄생이나 유지에 필요한 유기물, 액체인 물, 에너지, 이 세 가지 조건이 갖추어져 있다는 말입니다. 지구가 아닌 다른 천체에서 세 가지 조건이 모두 갖추어져 있다고 명확하게 밝혀진 천체는 엔셀라두스가 처음입니다.

지구의 깊은 바다 밑에는 400℃에 가까운 열수가 분출되는 열수분출공이 있습니다. 어쩌면 엔셀라두스의 해저에도 열수분출공 같은 것이 있고 현재에도 열수가 분출되어 차가운 얼음 위성 내부에 바다를 유지하는 원동력이 되고 있을지도 모르겠습니다.

엔셀라두스의 남극 부근에서 카시니의 카메라가 찍은 분출 [출처: NASA/JPL-Caltech/Space Science Institute]

지구의 열수분출공에서 분출하는 열수에는 수소와 같은 화학물질이 함유되어 있고 그것을 먹어서 에너지를 만들어내는 화학합성 미생물이 존재하며 그 미생물을 먹는 생물들이 모여들어, 독자의 생태계를 형성합니다. 엔셀라두스의 해저에 열수분출공과 같은 것이 있다면 지구의 심해처럼 화학합성 미생물 등의 생물이 존재한다고 해도 이상하지 않습니다.

엔셀라두스에 생명이 있는지를 조사하려면 내부의 해수를 채취해야 합니다. 엔셀라두스의 경우는 바다의 성분이 분출되고 있으므로 탐사선을 착륙시키지 않아도 분출물을 채취할 수 있습니다. 이미 그런 탐사계획을 제안하는 연구팀도 있는데, 실현된다면 지구 밖 생명체를 발견할지도 모른다는 기대를 모으고 있습니다.

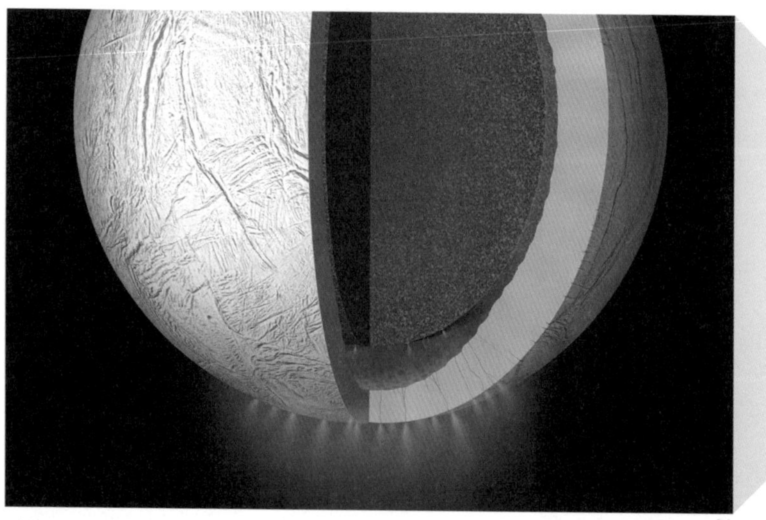

엔셀라두스 단면의 모습. 남극 부근의 절단면에서 얼음 입자와 수증기가 분출되고 있다.
[출처: NASA/JPL-Caltech]

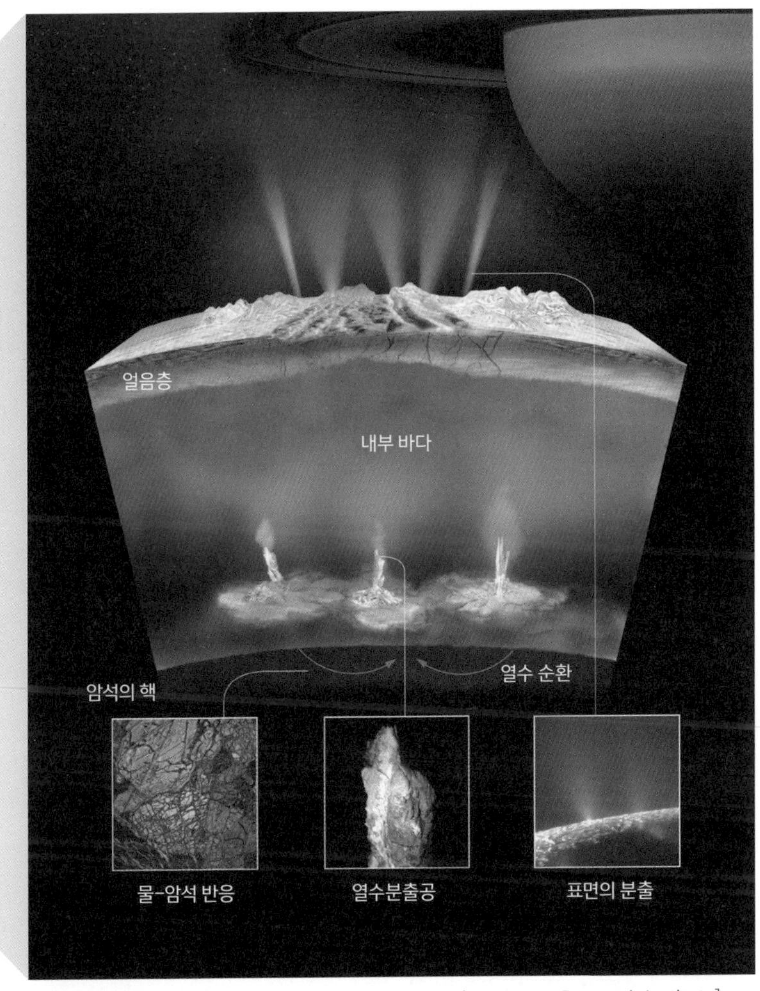

엔셀라두스의 열수 활동 모습 [출처: NASA/JPL-Caltech/Southwest Research Institute]

타이탄

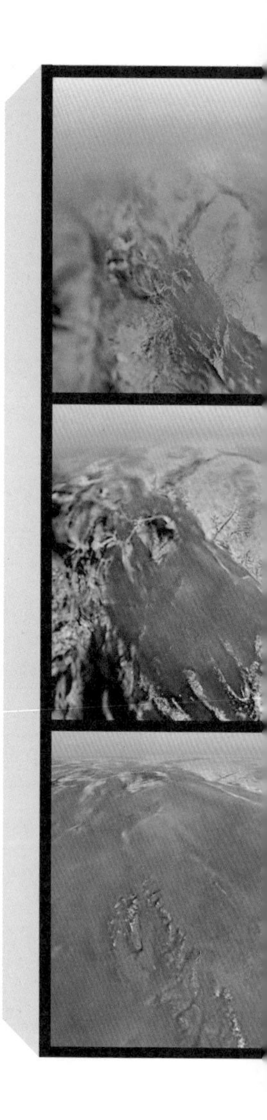

타이탄은 지름 5150킬로미터로 토성의 위성 중에서 가장 큰 천체입니다. 참고로 태양계 전체의 위성에서는 목성의 위성 가니메데의 뒤를 이어 두 번째 크기입니다. 타이탄에는 수백 킬로미터에 달하는 두께의 대기가 있고 지표의 기압은 지구보다 큰 1.5기압입니다.

이 때문에 망원경을 이용해 타이탄의 모습을 바깥쪽에서 관측하고자 해도 두꺼운 대기에 방해를 받아 지표에 대해서는 알기가 어렵습니다.

그래서 ESA(유럽 우주국)는 소형탐사선 하위헌스를 사용하여 지금까지 아무도 보지 못한 타이탄의 지표 모습을 관측하기로 했습니다. 하위헌스는 NASA의 탐사선 카시니에서 타이탄에 투하되었습니다.

하위헌스에서 보낸 데이터에 따르면 타이탄의 표면에는 지구와 비슷하게 산과 계곡, 강과 같은 지형이 있습니다.

게다가 하위헌스는 타이탄의 상공에서는 바람이 분다는 사실도 관측하였습니다. 이 관측 결과에서 타이탄의 기온은 영하 100℃를 크게 밑돌지만, 대지는 단순히 얼어서 건조한

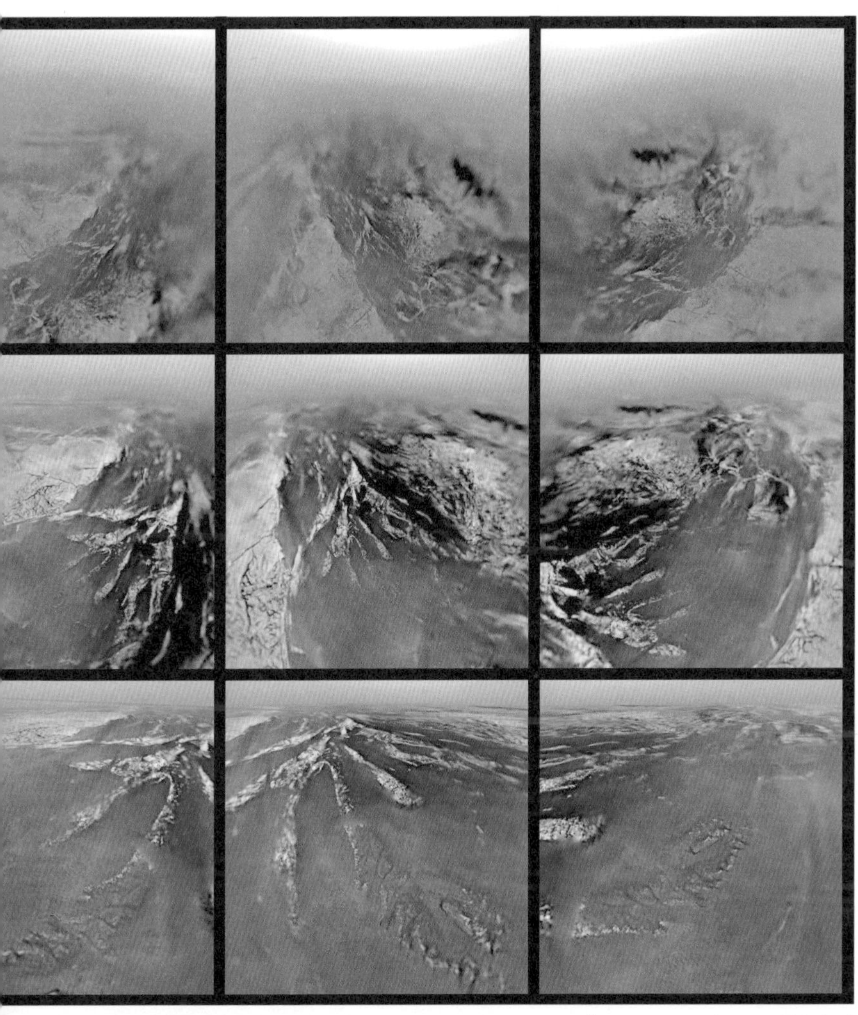

하위헌스가 찍은 타이탄의 지형. 고도를 바꾸면서 서, 북, 동, 남(왼쪽에서 오른쪽)의 네 방향을 촬영
[출처: ESA/NASA/JPL/University of Arizona]

상태가 아니라 어떤 액체로 젖어 있다는 사실을 알게 되었지요.

카시니도 계속해서 타이탄을 관측하였습니다. 그 결과, 타이탄의 표면에는 액체 상태인 메탄과 에탄이 가득 찬 호수가 있다는 사실이 알려졌습니다. 게다가 메탄과 에탄은 단순히 표면에 액체로 고여 있는 것이 아니라, 증발하여 구름을 만들고, 비나 눈으로 지표에 내리기도 합니다. 즉, 지구에서 물이 순환하듯이 타이탄에서는 메탄과 에탄이 순환합니다. 또한, 타이탄의 대기에는 다양한 화학물질이 존재한다는 사실이 확인되었습니다. 그중에는 지구의 대기에서는 보이지 않는 복잡한 구조를 가진 물질도 있었습니다.

물질 순환이 일어나는 천체는 지구 외에는 타이탄밖에 알려지지

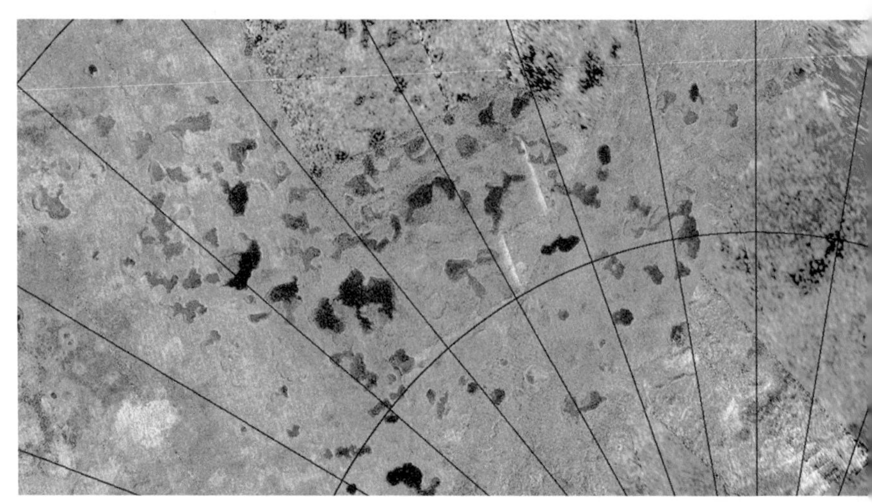

카시니가 보낸 사진에서 타이탄에 많은 호수가 있다는 사실을 알게 되었다. 메탄과 에탄이 있는 부분을 파란색으로 표시하였다. [출처: NASA/JPL-Caltech/ASI/USGS]

않았습니다. 그래서 타이탄에도 생명이 존재할지도 모른다는 기대를 하게 되었지요. 다만, 타이탄에서는 생명 존재의 세 가지 요소 중에서 액체 상태의 물 대신 액체 상태의 메탄과 에탄이 존재합니다. 만약 생명체가 존재한다 해도 지구의 생명체와는 완전히 다른 존재이겠지요.

타이탄에서 지구 생명과는 다른 새로운 생명이 발견되면 생명의 폭은 크게 넓어지고, 생명의 정의도 달라집니다. 생명이 발견되지 않으면 역시 지구처럼 액체 상태의 물이 대량으로 존재하는 환경이 생명에 있어서 중요하다고 하겠습니다. 그런 의미로도 타이탄의 생명 탐사를 향한 도전은 주목받고 있습니다.

카시니에서 본 타이탄(앞)과 토성(뒤)
[출처: NASA/JPL-Caltech/Space Science Institute]

천왕성

태양의 주변에는 8개의 행성이 공전하고 있습니다. 천왕성은 그중에서 두 번째로 멀리 있으며 태양에서 28억 7500만 킬로미터 떨어져 있는 천체입니다. 토성까지의 태양계 행성은 맨눈으로도 보이므로 오래전부터 알려져 있었지만, 지구에서 멀리 떨어진 곳에 있는 천왕성은 맨눈으로는 볼 수가 없습니다. 천왕성은 역사 최초로 망원경을 사용하여 발견한 태양계 행성입니다. 발견자는 영국의 윌리엄 허셜입니다.

그는 원래 오보에와 오르간을 연주하는 음악가였는데, 망원경을 스스로 만들어 천체관측을 하는 아마추어 천문가이기도 했습니다. 허셜은 1781년 3월 어느 날 밤하늘을 관측하다가 그 당시까지 알려

태양계 모습. 오른쪽에서 두 번째가 천왕성이다. [출처: NASA]

지지 않았던 새로운 행성을 발견했습니다.

그는 밤하늘에 보이는 별들의 배치를 모두 외울 정도로 자주 관측을 했는데 생소한 위치에 한 천체가 눈에 띄었다고 합니다. 허셜은 발견한 당시에는 이 천체를 혜성이라고 생각했지만, 관측을 계속하면서 아주 먼 곳에 있는 새로운 행성이라는 결론을 내렸습니다.

그 당시에는 토성보다 먼 곳에 행성은 없다고 믿었기 때문에 허셜의 새로운 행성 발견은 전 세계 사람들을 놀라게 했습니다. 이 발견을 토대로 태양계에는 아직 알려지지 않은 행성이 있을지도 모른다는 분위기가 형성되었고, 1846년의 해왕성 발견으로 이어졌습니다.

허셜은 새로운 행성에 당시 영국 국왕이었던 조지 3세를 기려 '조지의 별'을 의미하는 게오르기움 시두스(Georgium Sidus)라는 이름을

보이저 2호가 촬영한 천왕성(1986년)
[출처: NASA/JPL-Caltech]

붙였으나 널리 퍼지지는 않았습니다. 나중에 그리스 신화와 로마 신화에 등장하는 천공의 신인 우라노스라는 이름이 지어졌고, 한자문화권에서는 천왕성이라고 부릅니다. 한편, 허셜은 천왕성을 발견한 후에도 계속해서 망원경을 제작하여 1789년에 토성의 위성 엔셀라두스를 발견하였습니다.

천왕성은 지름이 5만 1118킬로미터로 태양계에서 3번째로 큰 행성입니다. 상공에는 메탄, 수소, 헬륨 등의 대기가 둘러싸고 있습니다. 천왕성이 파랗게 보이는 이유는 대기의 상층에 메탄이 함유되어 있

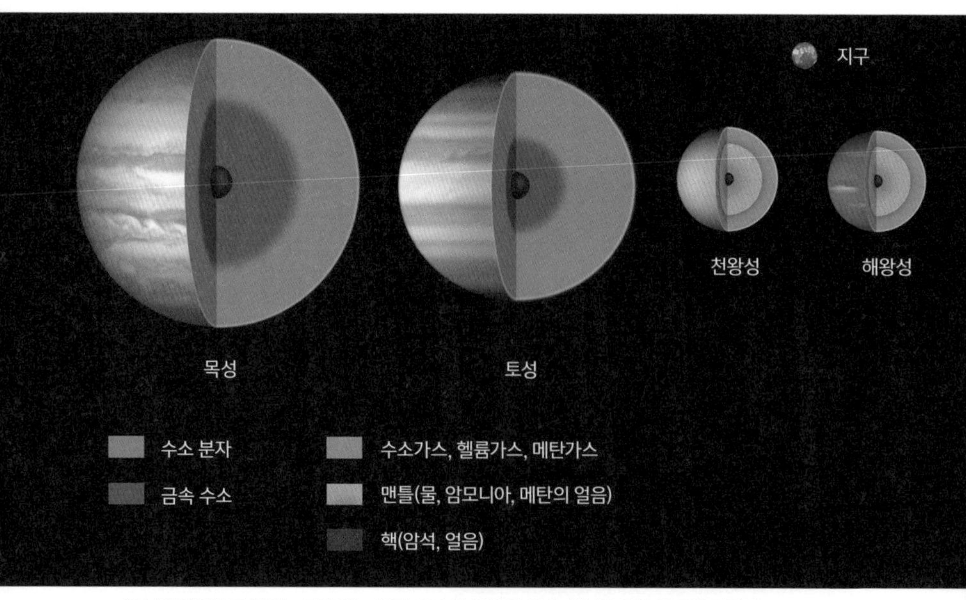

암석 행성이라고 불리는 지구와는 달리, 가스와 얼음이 많은 행성은 이런 구조를 가진다.
[출처: NASA/Lunar and Planetary Institute]

기 때문입니다. 메탄은 붉은빛을 잘 흡수하므로 대기에서 반사된 빛이 푸르게 보이는 것입니다.

천왕성은 표면이 얼음으로 덮여 있고 온도는 영하 200℃ 이하인 극도로 추운 환경입니다. 하지만 최근에 천왕성의 내부에 바다가 존재할 가능성이 제시되었습니다. 천왕성은 지구에서 멀리 떨어져 있어 자세한 탐사가 거의 이루어지지 않았기 때문에 바다의 존재 여부도 알려지지 않았습니다. 하지만 내부 바다가 존재한다면 생명이 있을 가능성도 생깁니다.

허블 우주망원경이 찍은 천왕성의 사진. 남반구(왼쪽)에 선상의 구름, 북반구에 밝은 구름이 보인다. [출처: NASA/ESA/M. Showalter(SETI Institute)]

명왕성

명왕성은 태양에서 약 59억 킬로미터나 떨어져 있는 태양계의 가장 바깥쪽에 자리 잡은 천체입니다. 지름은 2390킬로미터로 달보다 작고, 태양의 주위를 248년에 한 바퀴 돕니다. 이 천체는 암석인 핵을 두꺼운 얼음이 덮고 있고 표면에는 물뿐만 아니라 메탄과 질소 얼음이 있습니다.

현재 명왕성은 왜소행성으로 분류되어 있습니다. 그러나 발견된 1930년부터 2006년까지 70년 이상이나 행성으로 분류되었습니다.

왜 이런 일이 일어났을까요? 명왕성이 발견된 당시로 거슬러 올라가 봅시다.

명왕성을 발견한 사람은 미국의 천문학자 클라이드 윌리엄 톰보입니다. 처음 발견했을 때는 명왕성을 지구와 비슷한 크기로 생각하여 새로운 행성으로 분류하였습니다.

그러나 뒤이은 관측으로 명왕성에는 카론이라는 큰 위성이 있다는 사실이 확인되었습니다. 그 결과, 명왕성은 달보다도 작은 소행성 정도의 크기인 천체임이 밝혀졌습니다. 태양계의 행성은 지구와 같은 암석 행성, 목성과 같은 거대 가스 행성, 천왕성과 같은 얼음 행성으로 분류합니다.

그런데 명왕성은 그 분류 어디에도 속하지 않는 천체였습니다. 크기는 물론이고, 공전궤도가 타원이며 궤도면이 다른 행성의 궤도면보다 17° 정도 기울어져 있는 등 타 행성들과는 다른 특징이 많았습니다. 게다가 관측기술의 발전에 따라 태양계 바깥쪽에서 명왕성과 비슷한 천체가 발견되고 있습니다.

이런 문제점이 계속 드러나자 2006년 8월에 개최된 국제천문연맹 총회에서 명왕성을 행성이 아닌 왜소행성으로 분류하기로 하는 결정이 내려졌습니다. 이 결정에 따라 태양계의 행성은 9개에서 8개로 줄었지만, 신설된 왜소행성이 여러 개 인정되었습니다.

명왕성은 지구에서 먼 곳에 있기 때문에 표면의 모습이나 내부에 대해 자세한 상황은 오랫동안 비밀에 싸여 있었습니다. 멀리서 촬영된 사진 중에서 2010년에 허블 우주망원경으로 촬영된 사진이 가장 잘 찍혔는데, 그마저도 흐려서 명왕성 표면의 모습이 제대로 보이지 않는 상황이었습니다.

명왕성의 자세한 모습을 알지 못했던 때에 그린 일러스트이다. 명왕성의 위성에서 명왕성과 다른 위성을 본다고 가정하여 그렸다. [출처: NASA/ESA/G. Bacon(STScl)]

이 상황을 NASA의 탐사선 뉴호라이즌스호가 바꾸었습니다. 2006년 1월에 발사된 뉴호라이즌스호는 9년 뒤인 2015년 7월 14일에 명왕성에 접근하였습니다. 명왕성에서 1만 3700킬로미터 떨어진 위치에서 사진을 촬영하는 등의 관측에 성공하였습니다. 뉴호라이즌스호에서 보내온 명왕성의 사진에서는 절벽이나 계곡, 빙산과 같이 지구와 비슷한 지형이 몇 가지나 확인됩니다.

명왕성의 표면에서는 거대한 하트 모양으로 보이는 영역이 특히 눈에 띕니다. 이 영역의 서쪽 부분에는 매끈한 얼음 평원이 펼쳐져 있습니다. 이것이 어떻게 생겨났는지 컴퓨터 시뮬레이션으로 검증해보니, 얼음 평원의 내부에 질소를 주성분으로 한 얼음층이 있었습니다.

뉴호라이즌스호에서 보낸 사진으로 알게 된 명왕성의 모습(2015년 촬영). 오른쪽 아래에 밝은 부분이 하트 모양으로 보인다.
[출처: NASA/JHUAPL/SwRI]

더구나 이 얼음층은 100만 년 단위의 매우 긴 시간에 걸쳐 표면이 교체되고 있었지요.

뉴호라이즌스호가 접근하기 전에는 명왕성에서 내부활동은 거의 일어나지 않는다고 생각했지만, 그 생각을 뒤집는 대발견이었습니다. 심지어 이 얼음 평원 지역은 내부에 액체 상태인 바다가 존재할 가능성도 있다고 합니다.

명왕성은 극도로 춥기 때문에 일반적으로 내부의 물도 얼어 있다고 생각하기 쉽습니다. 그러나 내부 바다와 질소 얼음층 사이에 메탄하이드레이트층이 있다면, 이 층이 내부의 열이 달아나지 않도록 하는 단열재 역할을 하므로 액체인 물이 존재 가능하다는 가설이 제시

밝은 부분은 하트 모양의 서쪽에 해당한다. 이곳은 스푸트니크 평원이라고 불리며 질소, 일산화탄소, 메탄의 얼음이 풍부하다. [출처: NASA/JHUAPL/SwRI]

되고 있습니다.

참고로, 메탄 하이드레이트는 메탄 분자와 물 분자가 결합하여 고체가 된 얼음 상태의 물질입니다. 불을 가까이하면 타기 때문에 '타는 얼음'이라고도 불리며, 일본 근해의 깊은 바다 밑에도 많이 존재합니다.

명왕성의 내부에도 액체 상태의 바다가 존재하고, 충분한 에너지의 공급원이 있으면 생명이 존재할 가능성은 매우 큽니다. 명왕성 내부의 탐사를 실현하기는 어렵겠지만, 실제로 탐사한다고 가정하면 어떤 발견을 할 수 있을까요? 지구에서 멀리 떨어진 얼음 천체의 내부에 조용히 독자의 생태계를 만들어 가는 생명체가 있을지도 모른다는 생각만으로 가슴이 벅차오릅니다.

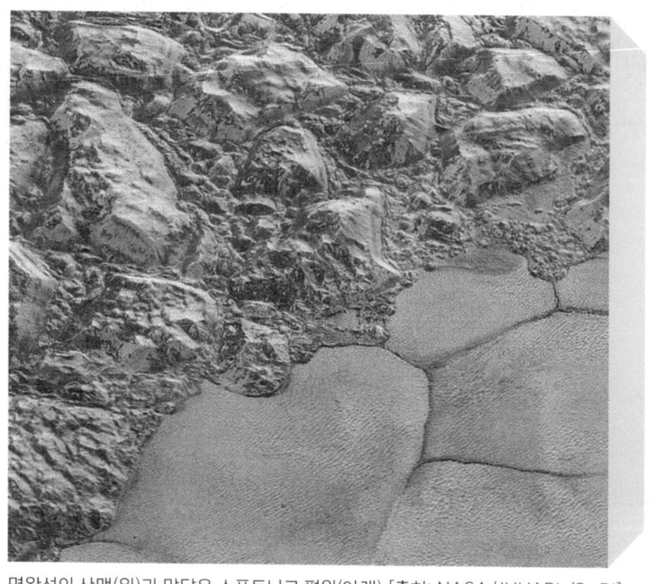

명왕성의 산맥(위)과 맞닿은 스푸트니크 평원(아래) [출처: NASA/JHUAPL/SwRI]

제 3 장

생명 기원의 비밀을 쥐고 있는 소행성

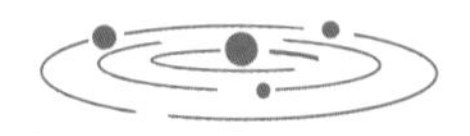

행성과 소행성과 혜성

최근, 우주와 생명에 관한 연구가 세계적으로 활발히 진행되고 있습니다. 우주와 생명에 관해서는 다양한 주제가 있지만 크게 두 가지 방향성이 있지요. '지구 외의 천체에 존재하는 생명을 찾는' 연구와 '지구 생명의 기원을 밝히는' 연구입니다.

'지구 생명의 기원'을 밝히는 분야의 연구로는 일본의 소행성 탐사가 주목을 받고 있습니다. 태양계의 천체라고 하면 가장 먼저 행성이 떠오르지요. 그러나 태양계에는 행성 말고도 많은 천체가 있습니다. 예를 들면 달로 대표되는 위성입니다. 이들은 행성의 주위를 도는 작은 천체로 그 수는 170개가 넘습니다. 보고된 천체뿐만 아니라 확정되지 않은 천체까지 합하면 200개를 넘습니다.

또, 소행성이나 혜성을 더하면 그 수는 현격히 많아지고 발견되지 않은 것까지 합치면 수십만 개는 될 것입니다. 이 소행성과 혜성은 모

태양계에 포함된 천체의 모습. 행성과 위성, 소행성, 혜성이 있다.
[출처: NASA/JPL]

혜성에는 꼬리가 있다. 사진은 2020년 여름, 일본과 한국에서 맨눈으로도 보이는 시기가 있어 화제를 모았던 니오와이즈 혜성이다(C/2020 F3).

두 태양계 안의 소천체입니다. 원래 암석이 주체인 천체를 소행성, 얼음이 주체이고 태양에 가까워지면 본체가 녹기 시작하면서 꼬리가 길게 뻗는 천체를 혜성이라고 크게 분류했지만, 그 경계는 분명하지 않습니다.

소행성은 화성과 목성 사이의 소행성대라고 불리는 위치에 많이 존재한다고 알려져, 그곳에 있는 천체를 소행성이라고 했으나, 최근에는 지구와 화성 사이에서도 발견되는 등 태양계의 다양한 장소에 존재한다는 사실이 밝혀졌습니다. 연구가 계속되면서 해왕성 너머에서도 많은 소행성이 발견되었습니다. 해왕성보다도 태양에서 멀리 떨어져서 공전하는 천체는 '해왕성바깥천체'(Trans-Neptunian Objects:

화성의 궤도와 목성의 궤도 사이에 있는 소행성대의 모습 [출처: Peter Jurik/stock.adobe.com]

TNO)라고 합니다.

TNO의 대부분은 소행성으로 분류되며, 명왕성처럼 얼음이 주성분인 경우가 대부분입니다. 어떤 계기로 태양에 가까워지면 천체 자체가 녹아 혜성처럼 보이겠지요.

혜성의 경우는 물, 가스, 먼지 성분이 다 빠져나가면 소행성과 구별되지 않습니다. 실제로 원래 혜성이었던 천체가 소행성으로 관측되기도 합니다. 또 현재, 위성으로 관측되는 천체 중에는 원래 소행성이었는데 행성의 강한 중력에 끌려와 행성의 주위를 돌게 된 것도 있습니다. 소행성, 혜성, 위성 등은 명확하게 선을 그을 수가 없답니다.

TNO 중에서도 큰 천체 8개와 지구 크기 비교. 이들은 왜소행성으로 분류되어 있거나 분류될 가능성이 있다. 해왕성 바깥에는 더 작은 소행성이 압도적으로 많다. [출처: Lexicon]

소행성 이토카와

소행성이나 혜성과 같은 소천체에는 태양계가 탄생했을 때 만들어진 초기 물질이 남아 있을 가능성이 있습니다. 태양계의 천체는 원시 태양이 탄생한 뒤에 태양의 주위에 남아 있던 먼지나 가스가 충돌하는 과정에서 점점 커졌습니다. 처음에 작은 미(微)행성이 만들어지고 그것이 몇 차례 충돌을 반복하며 소행성이나 행성으로 성장합니다.

행성은 점차 크게 성장해 나갔습니다. 충돌할 때마다 원래 있던 물질은 파괴되고 새로운 물질이 만들어지므로 태양계 초기에 있던 물질은 점차 사라집니다. 게다가 지구는 지각변동이 일어나므로 우리가

초기태양계의 모습. 태양을 중심으로 먼지와 가스가 돌면서 원반 모양을 이룬다.
[출처: NASA/JPL-Caltech]

사는 표면 부분에는 지구가 탄생할 무렵의 물질은 아무것도 남아 있지 않습니다.

하지만 태양계의 천체 중에는 태양계가 생겼을 때의 물질이 그대로 남아 있다고 보이는 천체가 많이 있습니다. 바로 소행성과 혜성입니다. 소행성과 혜성은 이른바 행성이 되지 못한 천체입니다. 그렇다고 의미와 가치가 없지는 않습니다. 다른 천체와 충돌이 적었던 만큼 초기태양계의 물질이 고스란히 남아 있을 가능성이 크기 때문입니다.

일본의 소행성 탐사선 '하야부사'는 그 물질들을 조사하여 태양계의 역사를 밝혀내고자 하였습니다. 1995년에 소행성 탐사계획을 정식 프로젝트로 발족하였지요. 일본이 세계 최초로 소행성에 탐사선을

먼지로 이루어진 원반에서 미행성, 소행성, 행성이 생겨났다. 이 상상도에서 수십억 년이 지난 현재에는 원반의 바깥 둘레만이 엷게 남아 있다. [출처: NASA/JPL-Caltech]

보내는 도전을 하게 된 것입니다.

그때까지 지구가 아닌 다른 행성 등을 탐사할 때는 순서에 따라 단계적으로 탐사를 진행하는 것이 일반적이었습니다. 처음에는 플라이바이 탐사를 하고 그 뒤에 궤도선을 보냅니다. 그리고 궤도선에서 대상 천체의 지형과 정보를 알게 되면 착륙선과 탐사차를 착륙시켜 더 자세하게 조사합니다.

그러나 일본의 소행성 탐사는 예산이 부족하다는 이유 등으로, 한 번에 표면의 모습을 조사하고 소행성에 착륙하여 암석 시료를 지구로 가지고 온다는 매우 의욕적인 계획이었습니다.

하야부사는 2003년 5월 9일에 일본 가고시마현의 우치노우라 우주공간관측소에서 발사되었습니다. 그리고 2005년 9월 12일에 지구

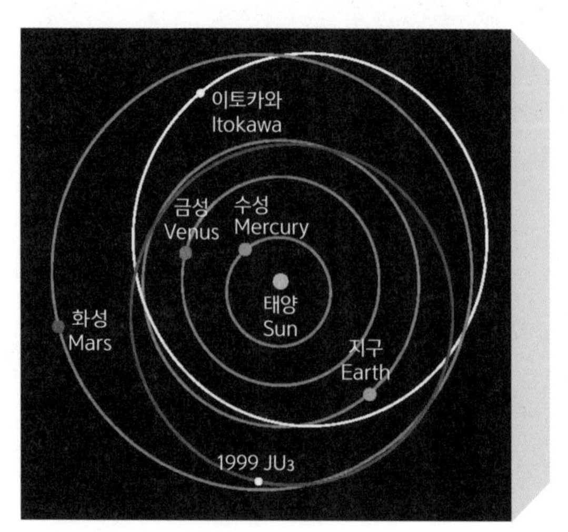

이토카와와 1999 JU3(나중의 류구)의 궤도 [출처: JAXA]

에서 직선거리로 3억 킬로미터 정도 떨어져 있는 소행성 이토카와에 도착하였습니다. 같은 해 11월에 하야부사는 이토카와에 착륙하는데 성공했지만, 그 기쁨도 잠시, 지구와의 통신이 끊어져 행방불명이 되고 말았습니다.

프로젝트팀은 필사적으로 수색을 이어갔고, 마침내 2006년 1월 23일에 하야부사의 전파를 기적적으로 다시 잡았습니다. 그리고 지구에서 명령을 계속 보내어 하야부사를 정상 상태로 되돌려 놓았습니다. 그러나 이 문제로 하야부사의 지구 귀환은 매우 늦어졌습니다.

하야부사는 원래 계획대로라면 2005년 12월에 이토카와를 떠나 2007년 6월에 지구로 돌아올 예정이었습니다. 그러나 지구와 통신이

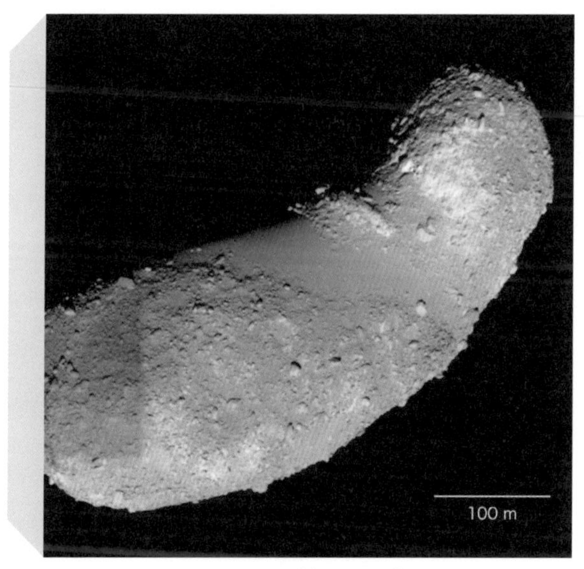

하야부사가 찍은 이토카와의 사진 [출처: JAXA]

끊어진 뒤 수색에 걸린 시간 때문에 원래 계획대로 귀환하기는 불가능했습니다. 프로젝트팀은 원래 예정보다 3년을 연기하여 2010년 6월에 지구로 귀환하도록 계획을 변경하기로 결단하였습니다.

하야부사는 2007년 4월에 이토카와를 떠나 지구 귀환을 위한 비행에 들어갔습니다. 이번에는 탈 없이 귀환하기를 기대했지만, 운전 중에 이온엔진이 고장 나 다시 문제 상황에 부딪혔습니다. 이때는 이온엔진의 책임자가 아무에게도 말하지 않고 몰래 넣어둔 회로를 활용해 기적적으로 부활시킬 수 있었습니다. 회로의 설계를 살짝 변경한 일은 엄밀히 말하면 규정 위반이었지만 그 덕분에 하야부사는 2010년 6월 13일에 지구에 돌아왔습니다.

하야부사는 이토카와에 착륙하는 데는 성공했지만, 시료(암석)를 채집하기 위한 탄환이 제대로 발사되지 않아 맨눈으로 확인 가능한 크기의 시료를 채집하지는 못했습니다. 그러나 시료 컨테이너 속에는 눈에 보이지 않는 미립자가 1500개 들어가 있음이 확인되어 세계 최초로 소행성에서 시료를 가지고 오는 데 성공하였습니다.

미립자를 분석한 결과, 이토카와의 역사가 보이기 시작했습니다. 이토카와의 모(母) 천체는 46억 년 전에 탄생한 지름 20킬로미터 이상의 소행성으로 지금으로부터 14~15억 년 전에 다른 소행성과의 충돌 등에 의해 큰 충격으로 조각난 것으로 보입니다.

그 뒤, 모 천체의 파편이 점차 모여 지금으로부터 40만 년 이내에 현재의 이토카와의 형태가 되었다고 추측합니다. 게다가 컴퓨터 시뮬레이션을 해보면 이토카와는 100만 년 이내에 지구에 충돌할 가능성이 크다고 합니다.

시료를 채취하는 하야부사의 모습 [출처: 이케시타 아키히로]

비행하는 하야부사의 모습 [출처: 이케시타 아키히로]

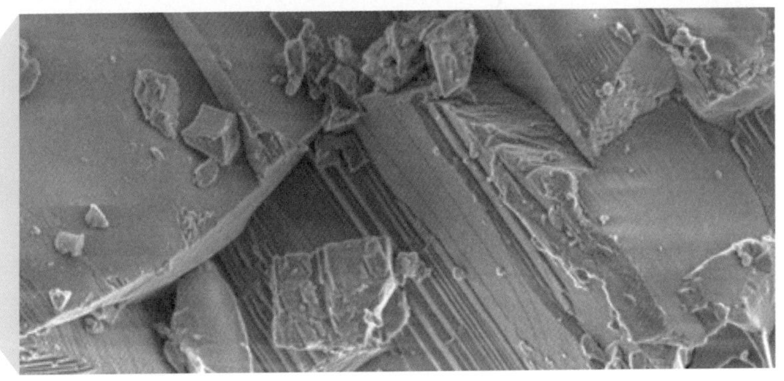
전자현미경으로 촬영한 이토카와의 시료 미립자 [출처: JAXA]

소행성 류구

2014년 12월 3일, 하야부사의 후속기로 소행성 탐사선 하야부사2가 제작되어 가고시마현의 다네가시마 우주센터에서 발사되었습니다. 목표는 소행성 류구입니다.

하야부사2가 고도 약 6킬로미터에서 촬영한 류구 [출처: JAXA, 도쿄대, 고치대, 릿쿄대, 나고야대, 치바공대, 메이지대, 아이즈대, 일본 산업기술총합연구소]

류구는 탄소가 풍부한 C형 소행성입니다. 하야부사2가 실제로 가까이 가보니 류구는 새까만 천체로, 탄소가 많을 것이라는 기대가 더욱 커졌습니다. 지구 생명체를 구성하는 재료인 유기물은 탄소가 주성분입니다. 탄소가 많은 C형 소행성은 유기물을 많이 가지고 있을 가능성이 있습니다. 그뿐만 아니라 류구의 암석 중에는 물도 포함되어 있을 가능성이 있다는 사실이 알려졌습니다.

그러나 류구에는 큰 문제가 있었습니다. 그 표면에는 크고 작은 암괴가 빽빽하게 들어차 있어 하야부사2가 착륙할 만한 장소를 찾기가 어려웠습니다. 이토카와에도 류구처럼 많은 암괴가 있었지만, 중앙부 부근에 무척 매끈한 사막지대가 있어 그곳에 착륙할 수 있었지요. 하지만 류구에는 그런 평평한 장소는 어디에도 없습니다.

하야부사2의 프로젝트팀은 류구의 표면을 면밀히 조사하여 가까스로 안전하게 착륙할 수 있는 장소와 방법을 생각해냈습니다. 바로 류구의 적도 부근에 있는 지름 6미터 정도의 작은 영역에 핀포인트로 착륙한다는 것입니다.

2019년 2월 22일, 하야부사2는 류구의 표면에 착륙하는 데 성공하였습니다. 전임 하야부사는 이토카와에서 암석을 채집하기 위한 탄환을 발사하지 못했지만, 하야부사2는 류구에 착륙한 순간, 정확하게 탄환을 발사했다는 데이터를 지구로 보냈습니다.

또, 하야부사2의 하부에 밖으로 내밀어 류구에 닿을 수 있게 만들어 놓은 샘플러 혼(시료를 채취하기 위한 장치로 원통과 원뿔을 조합한 모양을 가진 부분)의 끝을 촬영한 사진에는 착륙 순간에 류구의 암석 파편이 꽃종이처럼 흩날리는 모습이 찍혀 있었습니다.

하야부사2가 착지했을 때 촬영한 사진 [출처: JAXA]

하야부사2에는 류구의 암석 시료가 잘 채취되었는지 확인하는 장치가 탑재되어 있지 않으므로 지구로 보낸 컨테이너를 열 때까지는 시료가 실제로 들어 있는지 확인할 수가 없습니다. 그러나 하야부사2에서 보내온 정보는 류구의 시료가 잘 채취되었음을 알려주었습니다.

같은 해 4월 5일에 하야부사2는 탑재되어 있던 소형 충돌 장치를 사용하여 류구에 지름 15미터 정도의 인공 크레이터를 만드는 데 성공하였습니다. 그리고 3개월 뒤인 7월 11일에는 인공 크레이터의 중심에서 20미터 정도 떨어진 곳에 두 번째 착륙에 성공하였습니다.

소행성에 인공 크레이터를 만든 일도, 같은 소행성의 두 번째 지점에 착륙한 일도 세계 최초입니다. 게다가 이번에 하야부사2가 착륙한 곳은 인공 크레이터를 만들 때 파헤쳐진 류구의 암석이 많이 떨어져 쌓였다고 생각되는 장소입니다. 류구의 지하 물질도 많이 채취되었을 가능성이 있다는 뜻이지요.

하야부사2가 착륙한 모습 [출처: 이케시타 아키히로]

이렇게 빛나는 성과를 남기고 하야부사2는 2019년 11월 13일에 류구를 떠났습니다. 그리고 2020년 12월 6일 이른 아침에 하야부사2에서 분리된 캡슐이 오스트레일리아의 우메라 사막에 착지했습니다. 캡슐은 JAXA의 회수팀이 바로 회수하였고, 53시간 뒤인 12월 8일에는 가나가와현 사가미하라시에 있는 JAXA 우주과학연구소의 시설로 운반하였습니다.

우주과학연구소에서 시료 컨테이너를 열어보니 그 안에는 1센티미터를 넘는 큰 암석 알갱이가 많이 들어 있었습니다. 원래 계획으로는 류구의 시료 0.1그램을 가지고 오는 것이 목표였는데, 컨테이너 안에는 목표를 크게 넘어서는 5.4그램 이상의 시료가 들어 있었습니다.

지금까지의 탐사 결과에서 류구의 암석은 매우 무르고 엉성한 구조라는 사실을 알아냈습니다. 다른 소행성이나 운석보다 공극률이 높아 굳이 말하자면 혜성에 가까운 천체로 보입니다.

즉, 류구의 모 천체는 해왕성보다도 먼 태양계의 바깥에서 탄생하여 어떤 계기로 인해 현재의 위치까지 이동되었을 가능성이 있습니다. 하야부사2에서 가져온 류구의 시료는 2021년 봄부터 초기분석이 시작되었으며 2022년 봄 즈음에는 그 결과가 공표될 예정이라고 합니다.*

최신 기기를 사용하여 시료를 분석하면 류구가 지나온 역사나 태양계의 과거 모습을 알게 될 것입니다. 이런 자세한 정보를 쌓아 나가면 지구 생명의 근원이 된 유기물이 어떻게 생겨났는지도 알 수 있겠지요.

* 2021년 4월에 류구의 모 천체에 물이 있음을 시사하는 함수 물질, 탄산염광물의 특징이 시료에서 발견되었다고 발표되었다. 더 자세한 분석이 기대된다.

류구의 암석 시료 [출처: JAXA]

앞으로 일본이 탐사할 소행성

하야부사2 다음으로 일본에서 진행하는 탐사계획은 화성의 위성 포보스의 암석을 지구에 가지고 오는 '화성 위성 탐사계획'(Martian Moons eXploration: MMX)입니다. 화성에는 많은 탐사선이 보내졌지만, 화성의 위성에 탐사선이 가는 일은 처음입니다.

왜 화성의 위성을 탐사해야 할까요? 사실 화성의 위성이 어떻게 탄생하였는지는 잘 알려지지 않았습니다. 현재까지 제시된 유력한 가설은 '위성포획설'과 '거대충돌설'입니다. 위성포획설은 태양계 바깥쪽에서 만들어진 소행성이 화성의 중력에 끌려와 위성이 되었다는 이론이고, 거대충돌설은 화성에 대형 소행성이 충돌하여 흩어진 파편이 모여 위성을 만들었다는 이론입니다.

비행하는 MMX 탐사선의 모습. 뒤쪽의 붉은 천체가 화성, 앞의 작은 위성이 포보스이다.
[출처: JAXA]

현재 시점에는 두 가설 모두 결정적 단서가 없지만, 화성의 위성의 기원이 멀리서 온 소행성과 연관되어 있다는 점은 공통입니다. MMX는 포보스뿐만 아니라 화성의 또 다른 위성인 데이모스도 탐사합니다. 이 두 위성의 탐사가 진행되면 이들 위성이 어떻게 생겨났는지를 알게 될 것입니다. 그러면 초기태양계에서 물질이 어떻게 이동하여 화성이나 지구 같은 암석형 행성에 공급되었는지도 알 수 있겠지요. 어쩌면 이번 탐사에서도 지구 생명 탄생의 비밀에 조금 더 가까워질 수 있을지도 모르겠습니다.

순조롭게 진행된다면 MMX의 탐사선은 2024년 여름부터 가을에 걸쳐 발사될 예정입니다. 그리고 약 1년 정도 걸려 화성권에 도착하고, 포보스 주위를 도는 궤도에 들어갑니다. 이것은 세계 최초의 시도입니다. 탐사선은 포보스의 주위에 2년 반 정도 머무르면서 그동안 포보스에 착륙하여 암석의 조각 등을 채취합니다. 그리고 지구에 귀환할 때에 화성의 또 다른 위성인 데이모스를 스쳐 지나가며 관측합니다. 지구에 돌아오는 때는 2029년입니다. MMX의 탐사로 화성과 그 위성의 관계는 어떻게 바뀔까요? 화성과 지구 생명에 관련된 발견은 있을까요? 벌써부터 매우 흥미진진합니다.

화성정찰위성의 카메라로 촬영한 포보스 [출처: NASA/JPL-Caltech/University of Arizona]

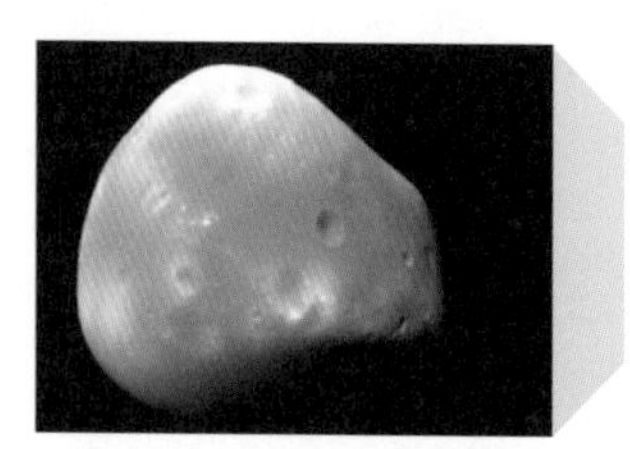

위와 같은 방법으로 촬영된 데이모스 [출처: NASA/JPL-Caltech / University of Arizona]

제4장

태양계 밖의 행성을 찾아서

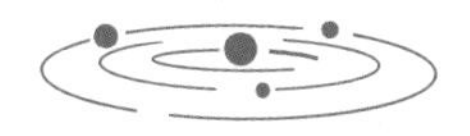

우주관을 바꾼 페가수스자리-51b

지구 밖 생명의 연구는 태양계 내에서만 이루어지는 것이 아닙니다. 우주는 매우 넓고 셀 수 없을 정도로 많은 천체가 있습니다. 이 넓은 우주에서 생명체가 존재하는 천체가 지구뿐이라고 하면 조금 외롭게 느껴지기도 합니다. 태양계 밖에 생명체가 있을지도 모른다는 이야기는 오래전부터 있었습니다. 하지만 오랜 기간, 소설이나 영화 등의 허구로 끝났고 과학의 대상은 되지 못했습니다.

그 흐름이 크게 바뀐 때는 20세기 말 무렵입니다. 우주에는 많은 항성이 있지만, 그때까지는 태양계 밖의 행성(외계행성)은 발견되지 않았습니다. 항성은 중심 부분에서 핵융합반응을 일으켜 초고온 상태를 유지합니다. 이 환경에서는 아무래도 생명은 살아가기 어렵습니다.

생명이 태어나 자라려면 평온한 환경이 있어야 합니다. 그러기 위해서는 행성, 그중에서도 지구와 같은 암석 행성이 필요하겠지요.

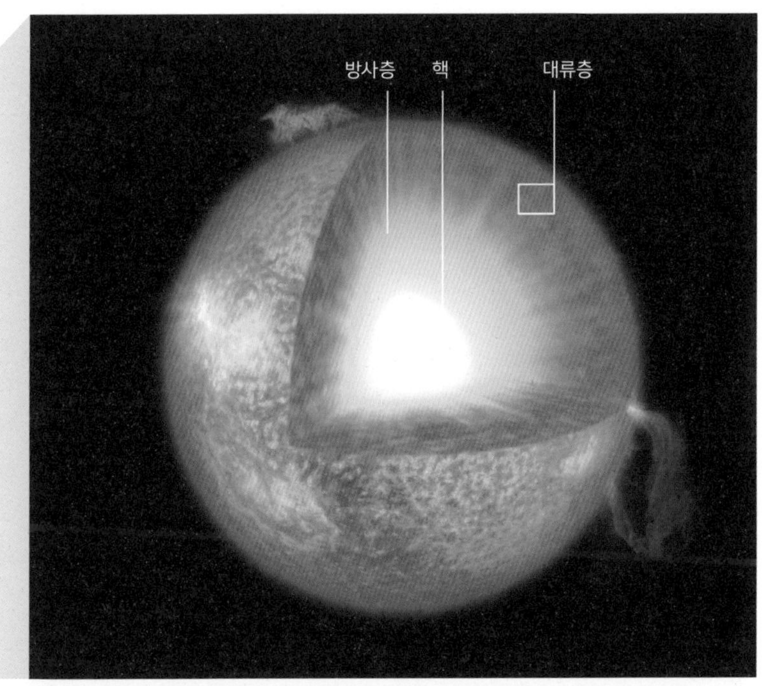

태양의 구조. 표면 온도는 6000℃, 중심부는 1600만℃라고 한다. 더 뜨거운 항성도 있다.
[출처: ESO]

행성의 구조. 지구(왼쪽)의 표면 온도는 평균 15℃, 화성(오른쪽)의 표면 온도는 평균 영하 63℃
[출처: NASA/JPL-Caltech]

하늘의 은하수에 존재하는 항성에 행성이 얼마나 있는지 보여준다. 궤도 등은 강조해서 그려져 있지만, 항성이 평균 1개 이상의 행성을 가진다는 점을 알 수 있다. [출처: ESO/M. Kornmesser]

태양 주변에는 여덟 개의 행성이 있습니다. 그러므로 다른 항성 주변에도 비슷한 행성이 있으리라 추측할 수 있습니다. 그래서 사람들은 1940년대부터 외계행성 찾기를 시작하였습니다.

외계행성 관측은 항성 관측보다 훨씬 어렵습니다. 그 이유는 행성은 항성보다 작고 빛나지 않기 때문입니다. 우리가 천체를 관측하는 수단은 대부분 빛입니다. 최근에는 뉴트리노나 중력파로도 천체의 모습을 관측하게 되었지만, 이 방법들로 관측할 수 있는 대상은 한정되어 있습니다. 압도적으로 빛을 이용한 관측이 많습니다. 다만 빛은 전자기파의 일종이므로 가시광선뿐만 아니라 전파, 적외선, X선 등 다양한 파장의 빛(전자기파)에 의한 관측이 가능해지자 훨씬 많은 정보를 알 수 있게 되었습니다.

조금 딴 길로 새는 이야기지만, 멀리 있는 항성을 관측할 수 있는 이유는 항성이 크고 빛을 내기 때문입니다. 반면, 행성은 스스로 빛

미셸 마요르(오른쪽)와 디디에 쿠엘로(왼쪽) [출처: L. Weinstein/Ciel et Espace Photos]

을 내지 않기 때문에 직접 관측하기는 어렵습니다. 또, 행성은 빛을 내는 항성의 주변에 있기 때문에 항성에서 나오는 빛에 행성이 숨겨진다는 문제도 생깁니다.

이런 이유 등으로 외계행성은 관측을 시작한 지 50년이 지나도 발견되지 않았습니다. 오랫동안 계속 발견되지 않았기 때문에 1990년대 전반에는 외계행성의 존재에 의문을 가지는 목소리도 있었습니다.

이 상황을 완전히 바꾸어 놓은 이가 스위스의 천문학자 미셸 마요르와 디디에 쿠엘로입니다. 두 사람은 1995년에 인류 최초로 외계행성을 발견하였습니다. 바로 페가수스자리-51b입니다. 지구에서 약 51광년 떨어진 곳에 위치한 항성 페가수스자리-51의 주위를 도는 외계행성입니다.

다만, 발견이라고 해서 망원경으로 직접 이 행성의 모습을 보았다는 뜻은 아닙니다. 앞에서도 언급했듯이 밝은 항성 가까이에 있으면

행성이 항성 주위를 도는 모습 [출처: the_lightwriter/stock.adobe.com]

서 빛을 내지 않는 행성을 직접 관측하기는 매우 어렵습니다. 그래서 두 사람은 항성의 주위에 행성이 존재한다는 사실을 알려주는 도플러 분광법을 사용하였습니다. 도플러 분광법이란 어떤 방법일까요?

우선 행성과 항성의 관계부터 생각해봅시다. 행성이 항성의 주위를 도는 이유는 항성의 중력에 행성이 끌리고 있기 때문입니다. 행성은 앞으로 나아가려고 하지만 항성의 큰 중력에 매어 있기 때문에 항성의 주위를 빙글빙글 돌고 있습니다.

그러나 이 관계는 단순히 항성이 행성을 끌어당기기 때문만은 아닙니다. 항성과 행성을 비교하면 항성 쪽이 압도적으로 질량이 크기 때문에 항성이 일방적으로 행성을 끌어당기듯이 보일 뿐이지요.

그러나 행성 쪽에서 본다면 행성의 중력으로 항성을 끌어당긴다고도 할 수 있습니다. 그 증거로, 항성의 위치를 정밀하게 측정해보면 행성의 위치에 따라 미묘하게 항성의 위치가 변화하고 조금씩 흔들리듯이 보입니다.

사실, 외계행성 찾기가 시작된 초기 무렵에는 항성의 위치를 정밀하게 측정함으로써 항성의 미세한 움직임을 관측하여 외계행성이 존재하는 증거를 잡으려고 했습니다. 그러나 행성이 있다고 해도 그 영향에 의한 항성의 흔들림은 매우 작습니다.

심지어 지구의 자전이나 공전, 은하의 회전 등의 영향을 받아 항성의 겉보기 위치가 변화하므로 그것도 계산에 넣어야 합니다. 또 지상에서 하는 관측은 항상 움직이는 대기의 영향을 받기 때문에 정밀도가 낮아집니다. 이렇게 어려운 상황 속에서도 외계행성을 발견했다는 보고는 몇 번이나 있었습니다. 하지만 자세히 검증해보니 모두 관측

오차였습니다.

도플러 분광법은 1980년대에 사용되기 시작했습니다. 행성의 영향으로 생기는 항성의 흔들림을 위치측정이 아니라 빛의 도플러 효과를 이용해 측정하는 방법이지요. 도플러 효과란 소리와 빛이 발생할 때 발생원인 물체가 움직이는데 따라 일어나는 변화입니다.

예를 들어, 길을 걸어가는데 구급차가 다가올 때를 떠올려 봅시다. 구급차가 가까워질 때는 사이렌 소리가 높게 들리지만, 멀어질 때는 낮게 들립니다.

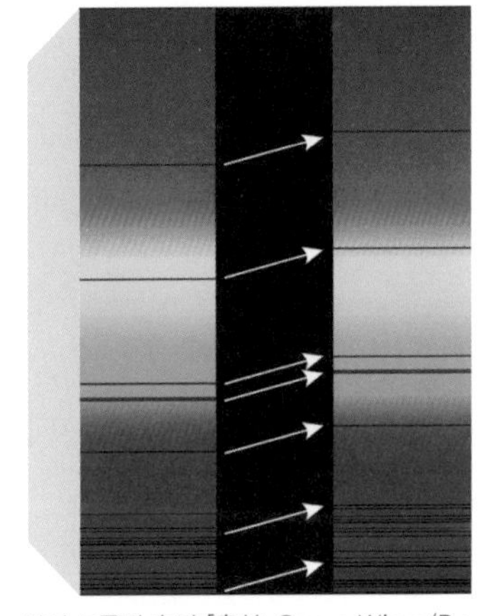

빛의 도플러 효과 [출처: Georg Wiora(Dr. Schorsch)/Kes47]

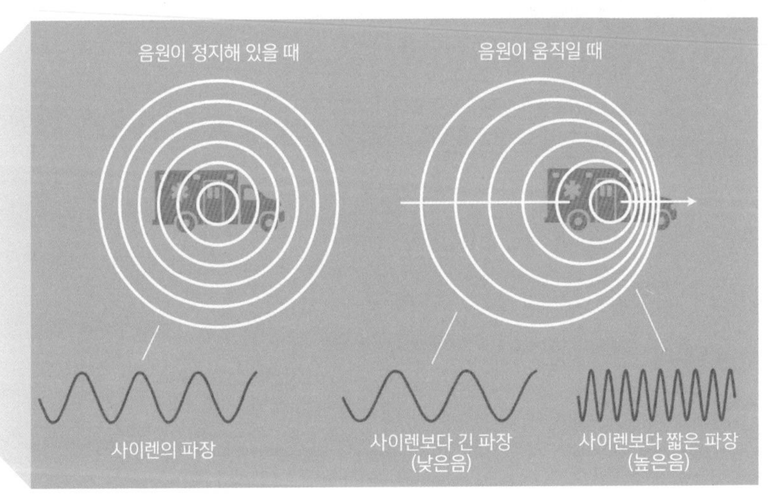

소리의 도플러 효과 이미지 [출처: Dimitrios/stock.adobe.com]

이 소리의 변화가 바로 도플러 효과입니다. 구급차가 달리는 속도의 영향을 받아 듣는 사람의 귀에 도달하는 사이렌의 소리가 높아지거나 낮아지는 현상이지요.

이 경우는 소리에서 일어나는 도플러 효과의 예이지만, 빛에서도 마찬가지입니다. 빛의 경우는 관측자에 가까워지는 물체에서 발생하는 빛은 푸르게, 멀어지는 물체의 경우에는 붉게 변합니다. 이를 지구에서 관측하는 상황에 적용하여 행성을 가지는 항성에서 오는 빛을 생각해봅시다. 행성이 지구와 항성 사이에 있을 때는 항성이 지구 쪽으로 조금 끌려오므로 빛은 푸르게 됩니다. 그리고 행성이 지구와 반대쪽에 있을 때는 항성이 지구에서 멀어지는 형태가 되므로 빛은 붉어집니다.

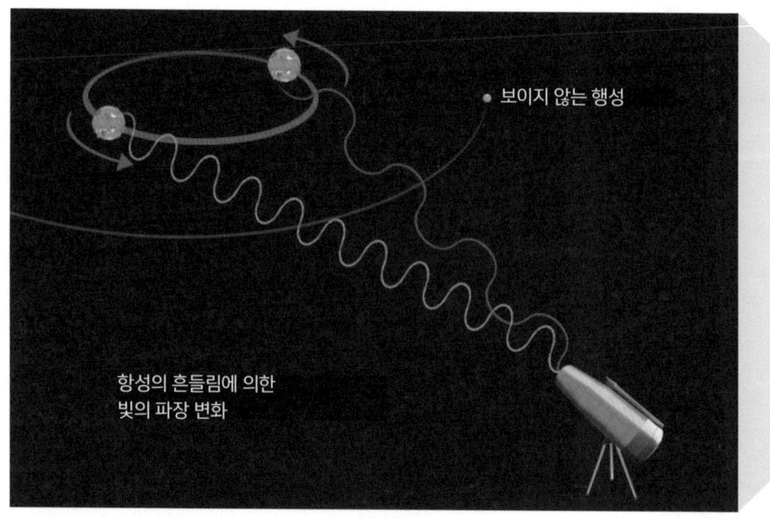

도플러 분광법을 나타낸 모습 [출처: NASA/JPL-Caltech]

이렇게 항성의 빛을 관측해서 주기적으로 푸르게 되거나 붉어지기를 반복한다면, 그 항성의 주위에는 행성이 있다고 할 수 있습니다. 같은 항성의 움직임을 관측하는 것이 목적이지만 위치측정과는 달리, 관측하는 빛의 색깔 변화를 조사하기만 하면 되므로 외계행성이 있는지를 간단하게 판정 가능합니다.

이 방법이 등장하면서 드디어 외계행성을 발견할 수도 있다는 기대가 높아졌습니다. 그러나 그로부터 10년이 넘게 지나도록 외계행성은 발견되지 않았습니다. 세계 천문학자 사이에는 태양처럼 행성을 가지는 항성은 거의 없을 것이라고 단념하는 분위기가 감돌기 시작했습니다.

그러던 중, 1995년에 드디어 마요르와 쿠엘로가 도플러 분광법으

페가수스자리-51b는 별자리로 말하면 페가수스의 앞가슴 부근에 위치한다.
[출처: anix/stock.adobe.com]

로 외계행성 페가수스자리-51b를 발견하였습니다. 이 행성의 공전주기는 4.23일입니다. 즉, 4일 만에 중심별의 주위를 도는, 공전 속도가 빠른 행성입니다.

이 사실은 당시 천문학자들에게 충격을 주었습니다. 페가수스자리-51b가 발견되기 전에는 행성이라고는 태양계의 행성밖에 알지 못했지요. 태양계의 행성 중, 태양에 가장 가까운 수성은 공전주기가 88일입니다. 가장 바깥쪽을 도는 해왕성의 공전주기는 약 165년이나 됩니다. 즉, 태양계의 행성은 짧아도 약 100일, 길면 100년 이상의 주기로 태양 주위를 일주하므로 공전 속도가 느린 편입니다.

당시, 천문학자들은 일반적으로 잘 알려진 태양계의 행성을 참고

페가수스자리-51b(왼쪽)와 페가수스자리-51(오른쪽)의 이미지
[출처: ESO/M. Kornmesser/Nick Risinger (skysurvey.org)]

하여 외계행성을 찾고 있었습니다. 당연히 1995년까지는 행성의 공전주기가 태양계의 행성처럼 길다고 무의식중에 믿었지요. 이런 선입관이 있으면 공전주기가 4일 정도인 행성의 신호가 관측되어도 노이즈라고 판단해도 이상하지 않습니다. 즉, 도플러 분광법이 등장한 뒤로도 외계행성의 발견까지 10년 이상의 세월이 걸린 큰 이유는 태양계 행성의 상태를 너무 의식하여 그 이외의 가능성을 생각하지 않았던 데 있었습니다.

마요르와 쿠엘로가 발견한 페가수스자리-51b와 태양계의 행성을 비교해보면, 공전주기 외에도 큰 차이가 있습니다. 페가수스자리-51b는 지구의 약 149배의 질량을 가진 거대 행성이지만, 중심별에서 약 780만 킬로미터밖에 떨어져 있지 않습니다. 이 거리는 태양과 지구 사이 거리의 20분의 1 정도입니다.

무게로 보면 토성과 목성 사이 정도로, 페가수스자리-51b는 거대한 가스 행성이라는 말이 됩니다. 태양계에서는 거대 가스 행성인 목성과 토성은 지구보다도 먼 곳에 자리 잡고 있습니다.

그런데 페가수스자리-51의 행성계에서는 거대한 가스 행성인 페가수스자리-51b가 중심별에서 무척 가까운 위치에서 돌고 있지요.

거대 가스 행성이라는 점에서 페가수스자리-51b에 생명이 존재할 가능성은 없지만, 중심별에 가깝다는 점에서 작열 상태라고 예상됩니다. 이 때문에 페가수스자리-51b처럼 중심별에 가까운 거대 가스 행성을 뜨거운 목성(hot Jupiter)이라고 부르게 되었습니다.

페가수스자리-51b는 태양계 행성의 상식이 통용되지 않는 행성이기도 하여 많은 천문학자가 관측데이터가 정말 올바른지에 대해 의

심을 품었습니다. 그러나 미국의 천문학자 제프리 마시가 페가수스자리-51b의 존재를 곧바로 확인하였기에 논쟁거리가 되지 않고 쉽게 받아들여졌습니다.

이 발견이 인정되자, 많은 천문학자가 지금까지의 관측데이터를 다시 보거나 새로운 관측에 몰두하면서 외계행성이 차례차례 발견되기 시작했습니다. 1995년의 페가수스자리-51b의 발견 이후 10년 정도 만에 100개 이상의 외계행성이 발견되었습니다.

페가수스자리-51b를 발견한 마요르와 쿠엘로는 우주에 외계행성이 존재한다는 사실을 처음으로 밝혀냈습니다. 페가수스자리-51b는 생명이 존재할 수 있는 행성이 아니었지만, 실제로 외계행성이 존재한다는 사실이 알려진 계기가 되었고, 사람들의 우주관은 크게 바뀌었습니다. 그 증거로 외계행성이 많이 발견되었고 그중에는 생명의 존재가 기대되는 행성도 있습니다. 이렇게 외계행성 탐사라는 새로운 연구 분야를 열어준 공적이 인정되어 마요르와 쿠엘로 두 사람은 2019년에 노벨 물리학상을 받았습니다.

페가수스자리-51b

발견한 해	1995년
질량	목성의 0.5배 전후
크기	불명

* 발견한 해는 처음 관찰된 시점이 아니라 여러 차례 관측을 거쳐 발표된 시점인 경우가 있다. 수치는 소수점 두 번째 자리 이하를 반올림하였으며 연구에 따라 원래 값이 다른 경우도 있다. 이후에 나오는 표(제5장을 포함)도 마찬가지이다.

페가수스자리-51 주위의 별 [출처: ESO/Digitized Sky Survey 2]

트랜싯법과 HD209458b

페가수스자리-51b의 발견 이후 많은 외계행성이 발견되었지만, 초기에 발견된 행성 대부분은 '뜨거운 목성'으로 분류되는 거대 가스 행성이었습니다.

뜨거운 목성은 질량이 클 뿐만 아니라 중심별에 가까운 위치에 있어 중심별을 끌어당기는 효과가 크고 도플러 효과의 영향이 잘 보이기 때문입니다.

태양계에는 없는 특이한 유형의 행성은 뜨거운 목성 외에도 한 종류가 더 발견되었습니다. 태양계 행성의 공전궤도는 거의 원에 가깝고 같은 평면상에 있는데, 그 행성은 거대한 가스 행성임에도 공전궤

지구(오른쪽)와 익센트릭 플래닛(왼쪽, 가공의 행성)의 공전궤도 모습. 후자는 혜성처럼 이동하고, 생명체 거주 가능 영역(초록색 부분) 외에서는 태양에서 멀리 떨어져 있기 때문에 차가운 별이 된다. [출처: NASA/JPL-Caltech]

도가 크게 기울어진 타원궤도였습니다. 태양계에서는 태양과 각 행성의 거리가 크게 바뀌지 않습니다. 하지만 이 특이한 행성은 마치 혜성처럼 특이하게 움직입니다. 그래서 익센트릭 플래닛(별난 행성)이라고 불립니다.

뜨거운 목성과 익센트릭 플래닛이 차례로 발견되는 가운데, 도플러 분광법 외의 다른 방법으로도 외계행성이 발견되었습니다. 그 대표적인 방법이 트랜싯법입니다. 'transit'라는 영어단어에는 몇 가지 의미가 있습니다. 그중 하나가 '통과'입니다.

지구에서 항성을 관찰해보면 항성 앞을 행성이 통과할 때가 있습니다. 태양계의 행성에도 지구보다 안쪽을 도는 수성이나 금성을 지구에서 관측하면 가끔 태양 앞을 가로지를 때가 있습니다. 이러한 현

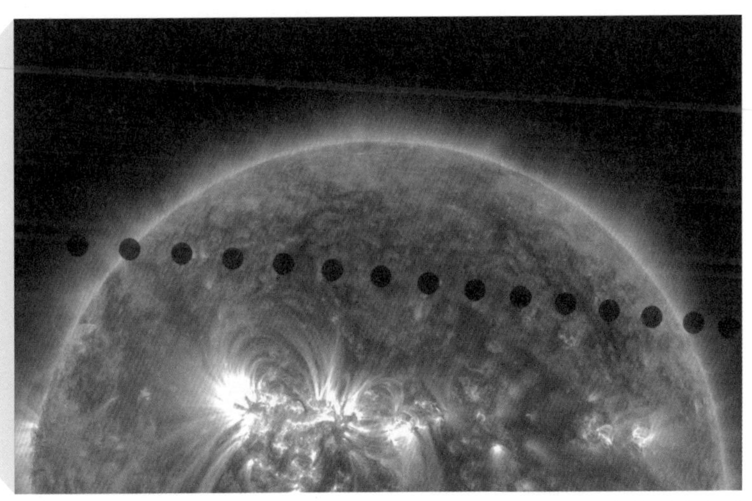

태양 앞을 통과하는 금성은 8년 간격으로 관측된다. 이 이미지는 2012년의 모습이다(일련의 이미지를 합성). [출처: SDO/NASA]

상을 태양면통과라고 합니다.

외계행성을 관측할 때도 태양면통과처럼 행성이 중심별과 지구 사이를 통과하는 경우가 있습니다. 외계행성이 중심별 앞을 지나가면 그 면적만큼 빛이 가려 지구에 도달하는 중심별의 빛이 조금 어두워집니다. 트랜싯법은 그때의 밝기 변화를 관측하여 외계행성을 찾습니다.

이 방법은 1952년에 캘리포니아 버클리 대학의 오토 스트루베가 제안하였습니다. 트랜싯법은 단순히 항성의 빛의 변화를 관측하기만 하면 되므로 도플러 분광법보다 간단한 장치로 관측할 수 있지만, 그다지 주목받지 않고 잊혀 버렸습니다. 그 역시 태양계 행성밖에 몰랐던 데서 기인한 선입관 때문이었습니다.

페가수스자리-51b가 발견될 때까지는 외계행성의 공전 속도는 매우 느려서 수십 년에 한 번, 길면 100년에 한 번 정도의 빈도로 항성 앞을 통과한다고 생각했습니다. 그래서 트랜싯법으로 외계행성을 찾는 일은 너무 오랜 기간의 관측이 필요해서 외계행성을 발견한다고 해도 효율이 매우 나쁘다고 여겼지요.

그러나 페가수스자리-51b를 발견하면서 트랜싯법의 가치가 높아졌습니다. 뜨거운 목성은 공전 속도가 매우 빨라 며칠에서 1주일 정도면 중심별 앞을 지납니다. 다시 말해 짧은 관측 기간에도 간단히 외계행성을 발견할 수 있다는 말입니다.

이 사실을 깨닫게 된 이들은 미국 하버드 대학의 대학원생이었던 데이비드 샤르보노 연구팀과 테네시 주립대학의 그레고리 헨리 연구팀이었습니다. 그들은 항성 HD209458을 관측하면서 트랜싯법을 이용해 행성을 발견하려고 하였습니다. HD209458을 도는 행성은 도플러 분광법으로 발견되었지만, 추가로 관측을 이어나가며 트랜싯법으로도 외계행성을 발견할 수 있음을 보여주었습니다.

두 연구팀은 관측 대상과 관측 방법이 모두 같아 어느 쪽이 먼저 관측하게 될지를 두고 치열한 경쟁이 벌어졌습니다.

HD209458 부근의 별. HD209458은 페가수스자리의 7등성으로, 별자리로 말하면 페가수스의 머리와 앞발 사이에 위치한다.
[출처: European Space Agency, NASA and the Digitized Sky Survey]

결국, 먼저 관측한 쪽은 샤르보노의 연구팀이었습니다. 그들은 1999년 7월에 트랜싯법으로 외계행성 HD209458b를 관측하는 데 성공하였습니다. 이 성공으로 트랜싯법은 도플러 분광법으로 발견된 외계행성을 추가로 관측하는 방법으로 사용하게 되었습니다. 그리고 추가관측에 그치지 않고 트랜싯법으로 미지의 외계행성을 찾는 움직임으로도 이어져갔습니다.

HD209458b는 나중에 오시리스라는 이름으로도 불리게 되었습니다. 질량은 목성의 0.7배(지구의 220배), 크기는 목성의 1.4배임에도 중심별인 HD209458에서 700만 킬로미터밖에 떨어져 있지 않습니다. 이 거리는 태양에서 수성까지 거리의 8분의 1 정도입니다. 전형적인 뜨거운 목성이므로 생명은 존재하지 않으리라고 추측합니다.

HD209458b는 대기를 가진다는 사실이 외계행성 중에서 처음으로 확인되었습니다. 심지어 대기의 자세한 조성도 밝혀졌지요. 이 행성의 대기에는 산소, 탄소, 수소 등이 함유되어 있으며, 행성에서 수소가 방출됩니다. HD209458b는 항성 가까이에 있으므로 행성을 형성하는 가스가 뜨거워져 행성의 강한 중력을 벗어나면서 우주 공간으로 방출되는 것으로 보입니다. 앞으로 관측이 진행되면, 가스 방출이 끝난 뒤의 천체도 발견될지 모르겠습니다.

HD209458b

발견한 해	1999년
질량	목성의 0.7배 전후
크기	목성의 1.4배 전후

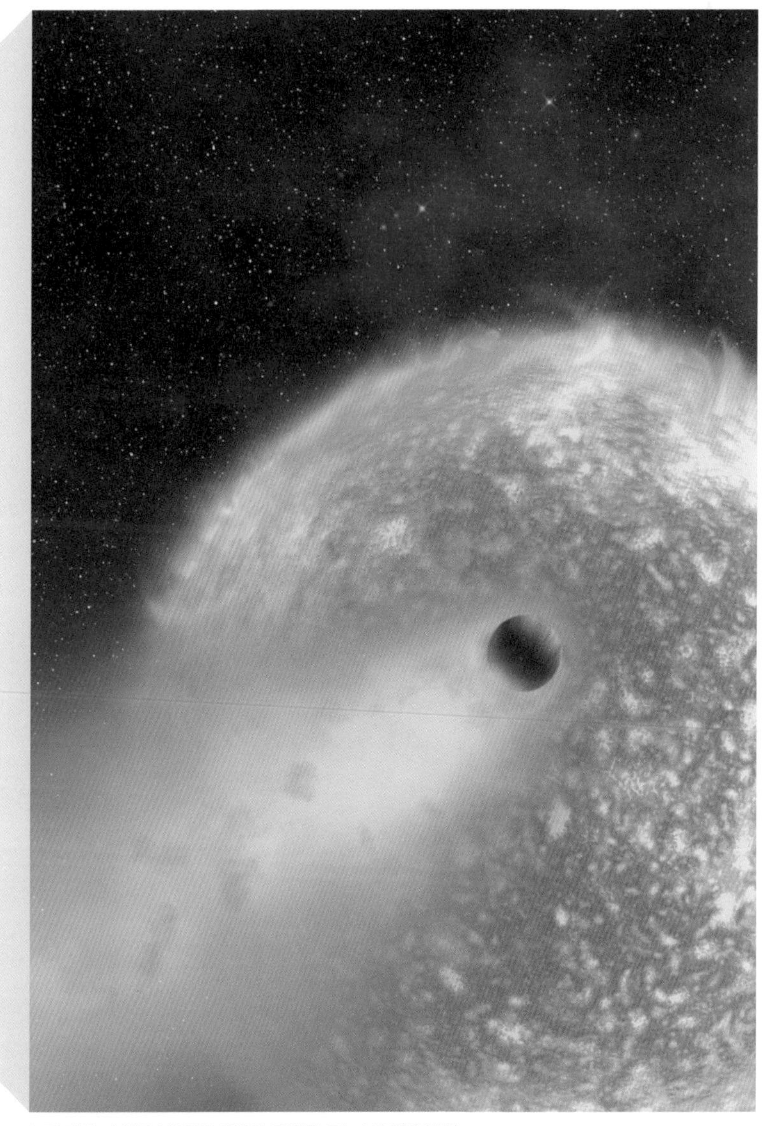

노란 태양과 같은 HD209458의 주위를 도는 HD209458b
[출처: NASA/European Space Agency/Alfred Vidal-Madjar (Institut d'Astrophysique de Paris, CNRS)]

혁명을 가져온 탐사선 케플러

트랜싯법으로 미지의 외계행성을 찾는 방법은 1970년대부터 제안되었습니다. 그리고 1980년대에는 지구에서 망원경으로 많은 항성을 관측함으로써 거대 가스 행성을 관측할 수 있고, 우주망원경을 사용하면 지구 크기의 암석 행성을 관측할 수 있다는 사실 등이 논의되었습니다.

1999년 7월에 실제로 트랜싯법으로 외계행성을 관측할 수 있음이 확인되고부터 트랜싯법을 사용하여 미지의 행성을 찾는 프로젝트가 몇 가지 시작되었습니다. 그중에서 많은 외계행성의 발견에 성공하여 외계행성 연구를 비약적으로 발전시킨 것이 미국의 외계행성 탐사선 케플러(우주망원경)입니다.

케플러의 태양전지판 안쪽(왼쪽)과 조립 전의 본체(오른쪽) [출처: NASA and Ball Aerospace]

케플러는 주경의 지름이 1.4미터로 그렇게 큰 망원경은 아닙니다. 하지만 대기가 없는 우주 공간에서 관측하기 때문에 대기의 움직임이 발생하는 지상에서보다 높은 정밀도로 관측할 수 있습니다. 게다가 이 위성에는 225만 화소의 이미지센서가 42기나 탑재되어 있었습니다. 이 화소 수는 케플러가 만들어진 당시 우주에서 활동하는 관측기기 중에서도 최대규모를 자랑합니다. 이 고화소 이미지센서 덕분에 케플러는 많은 항성을 한 번에 관찰할 수 있었습니다.

수집한 데이터는 지구로 보내지고, 촬영된 항성의 밝기가 변화하는 타이밍을 측정하여 외계행성이 있는지, 있다면 몇 개 있는지를 판정합니다. 2009년에 발사된 케플러에 의한 관측과 데이터 분석은 순조롭게 진행되어 2013년에는 2500개 이상의 외계행성 후보 천체를 발견하였습니다.

케플러는 델타 II 로켓에 실려 발사되었다.
[출처: NASA/Kim Shiflett]

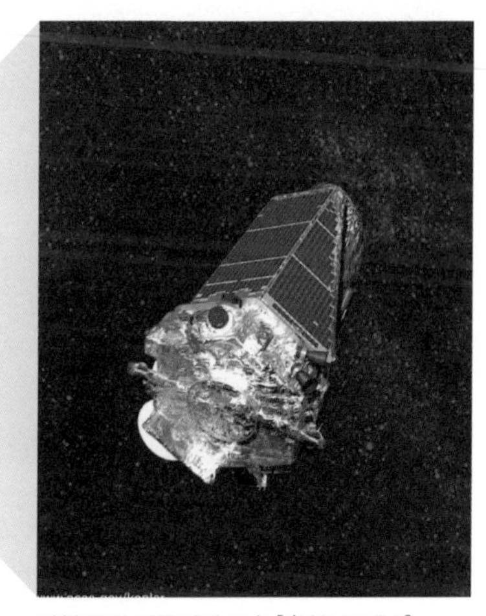

비행 중인 케플러의 모습 [출처: NASA]

케플러는 지구의 뒤를 쫓아가듯이 태양의 주위를 돌면서 거문고자리 근처, 백조자리 방향으로 망원경을 돌렸다. 선으로 둘러싸인 21개의 정사각형(42개의 직사각형)이 케플러의 탐사 영역이다.
[출처: Carter Roberts/Eastbay Astronomical Society]

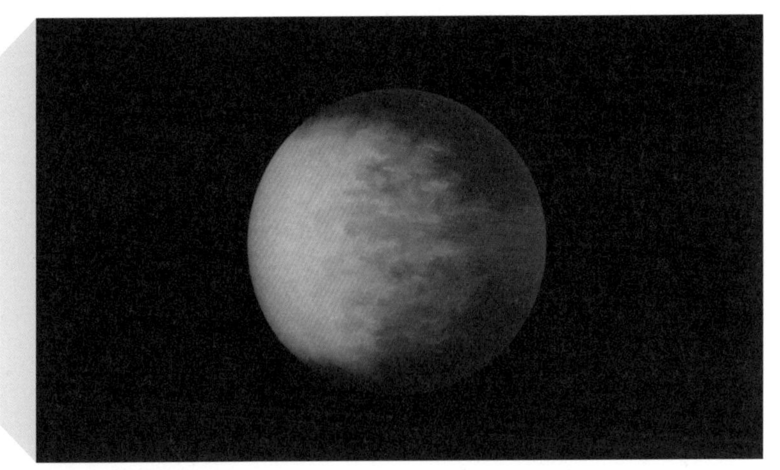

케플러가 최초로 발견한 5개의 태양계 밖 행성 중 하나인 케플러-7b의 모습
[출처: Aldaron, a.k.a. Aldaron]

그런데, 2013년 5월, 비극이 케플러를 덮쳤습니다. 위성의 자세를 제어하는 데 중요한 장치인 리액션 휠이 고장 나버린 것입니다. 이 일로 많은 천문학자의 안타까움 속에서 2013년 8월에 초기관측 종료가 발표되었습니다.

그러나 케플러의 운용은 그대로 끝나지 않았습니다. 관측 종료 발표 후에 다시 태양광의 압력(광압)을 잘 이용하면 남아 있는 리액션 휠로 자세를 유지할 수 있음이 알려졌습니다. 이 방법으로 다른 영역에 있는 항성을 관측하는 K2 미션을 개시하였습니다. K2 미션은 케플러의 연료가 없어지는 2018년 10월 30일까지 계속되었습니다.

2021년 7월 18일 현재, 발표된 외계행성의 수는 4400개가 넘습니다. 케플러가 관측한 데이터에서는 그 반 이상에 해당하는 2600개 정도의 행성이 발견되었습니다. 케플러는 9년에 걸친 관측으로 53만

개 이상의 항성을 관측하였습니다. 사실 그 관측데이터 모두가 분석되지는 않았습니다.

트랜싯법에서는 같은 항성의 화상을 여러 장 촬영합니다. 다양한 타이밍에서 촬영한 사진을 비교하여 항성의 광량 변화를 측정하고 외계행성이 있는지를 판정하기 위한 사진 해석에 시간이 걸립니다. 현재, 데이터 해석의 시간을 조금이라도 단축하려고 인공지능(AI) 기술의 하나인 기계학습을 활용하여 외계행성을 자동으로 찾는 방법도 연구 중입니다. 이 연구에서 외계행성 찾기가 자동화되면 막대한 데이터 속에 묻혀 있던 외계행성이 많이 발견될 것입니다.

* 케플러에 의해 발견된 외계행성의 예는 제5장에서 소개한다. 발견 당초에 '케플러-OO', 'K2-OO'라는 이름이 붙여진 행성이 많다. 나중에 'KOI-OO'이라는 이름도 붙여졌다.

K2 미션 중인 케플러의 모습 [출처: NASA Ames/JPL-Caltech/T Pyle]

케플러의 후속기 TESS

지금까지의 관측 결과에서 이 우주에 있는 대부분의 항성 주변에는 외계행성이 있다고 생각하게 되었습니다. 발견된 4400개의 행성 중에서 지구와 비슷한 크기인 행성은 165개입니다. 지구보다 크고, 천왕성보다 작은 거대지구형 행성(super earth)도 포함하면 1500개 이상입니다.

물론 케플러의 관측 결과에서도 지구와 비슷한 크기인 행성이 몇 개 발견되었습니다. 다만 케플러가 관측했던 행성은 지구에서 300~3000광년 정도 떨어진 곳에 있는 항성 주위에 있는 외계행성이었습니다. 이 거리의 관측에서는 지구 크기의 작은 행성이 있다는 사실은 알아도 그곳에 생명이 있는지는 직접 확인할 수가 없습니다.

외계행성에 생명이 있는지 판단하려면 질량, 대기와 바다 유무 등 그 행성에 대한 구체적인 정보가 필요합니다. 그러나 케플러가 발견한 행성은 모두 멀리 있어 현재의 기술로는 자세한 정보를 얻을 방법이 없습니다.

그래서 현재는 비교적 지구에 가까운 곳에 있는 항성에서 외계행성을 찾고 있습니다. 2018년 4월에 케플러의 후속기가 될 새로운 외계행성 탐색 위성 TESS가 발사되었습니다. TESS도 케플러와 마찬가지로 트랜싯법으로 외계행성을 찾는 위성이지만, TESS는 케플러보다 관측 범위가 훨씬 넓고 지구에서 보는 밤하늘의 85%나 되는 범위를 다룹니다. 게다가 지구에서 30~300광년 정도의 비교적 가까운 거리에 있는 항성을 관측할 수도 있습니다. 태양계는 하늘의 은하수의 한 부분입니다. 은하수에는 2000억 개가 넘는 항성이 있다고 추측되지만, 태양 가까운 곳에는 태양과 같은 항성은 별로 존재하지 않습니다.

태양에서 20광년 이내에는 태양보다 어둡고 붉게 빛나는 적색왜성이라고 불리는 종류의 항성이 있습니다. TESS가 알아내려고 하는 것도 지구에 비교적 가까운 곳에 있는 적색왜성 주위의 외계행성입니다. 2021년 7월 18일 현재, TESS는 196개의 외계행성을 발견했습니다. 이 중에서 생명을 품고 있는 행성이 발견될지 매우 기대됩니다.

TESS가 발견한 TOI-700d의 모습. 생명체 거주 가능 영역에 있는 지구 크기의 외계행성이다. [출처: NASA/Goddard Space Flight Center]

TESS(왼쪽 아래)의 비행 모습 [출처: NASA]

제 5 장

차례차례 발견되는 외계행성

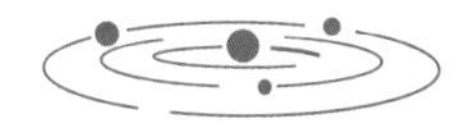

CoRoT-7b

2009년에 태양계 밖에서 처음으로 발견된 암석형 행성입니다. 지구에서 490광년 정도 떨어진 장소에 위치하는, 태양과 비슷한 항성 CoRoT-7의 주변에서 발견되었습니다. CoRoT-7b는 크기가 지구의 1.6배, 질량이 지구의 5.7배 정도로 거대지구로 분류됩니다. 발견되었을 당시에는 지구와 매우 비슷한 외계행성으로 주목을 모았습니다.

그러나 이 행성에 생명의 존재는 기대하기 어렵습니다. CoRoT-7b는 중심별에서 거리가 255만 킬로미터로 태양에서 수성까지의 거리의 23분의 1 정도밖에 되지 않기 때문입니다. 지금까지 발견된 암석형 행성 중에서 중심별까지 거리가 가장 가까워 낮에는 표면 온도가 2000℃ 이상이 될 것으로 보입니다. 표면의 암석이 녹아버려 마그마의 바다에 뒤덮여 있겠지요.

CoRoT-7b(앞쪽)와 CoRoT-7(뒤쪽)의 모습 [출처: ESO/L. Calçada]

이 행성은 프랑스 국립 우주연구센터(CNES)와 유럽의 ESA가 중심이 되어 2006년 12월에 발사한 우주망원경 코로(CoRoT)가 발견했습니다. 코로는 외계행성 탐사뿐만 아니라 항성의 내부구조를 탐사하는 성진학(astroseismology) 분야에서도 큰 연구성과를 올렸습니다.

CoRoT-7b

발견한 해	2009년
질량	지구의 5.7배 전후
크기	지구의 1.6배 전후

GJ1214b

GJ1214b는 지구에서 40광년 정도 떨어진, 비교적 가까운 곳에 있는 외계행성입니다. 크기는 지구의 약 2.7배, 질량은 약 6.6배입니다. 중심에는 철과 니켈로 구성된 고체의 핵이 있지만, 대부분이 얼음으로 만들어져 있는 것으로 보입니다. 이 행성의 대기 성분은, 수소인지 수증기인지 의견이 갈리지만 스바루 망원경을 이용한 관측에서는 수증기를 풍부하게 함유할 가능성이 크다고 나타났습니다. 다만 행성의 하늘이 두꺼운 구름에 덮여 있는 경우는 수소가 주성분일 가능성도 있으므로 앞으로 더 자세한 관측 결과에 따라서 주성분이 바뀔 가능성도 있습니다.

한편, 별의 이름 앞에 'GJ', '글리제'가 붙은 것은 그 별이 독일의 천문학자 빌헬름 글리제가 만들기 시작한 '글리제 근접 항성 목록'과 그 개정판 '글리제 야라이스 목록'에 등록된 천체입니다.

GJ1214b

발견한 해	2009년
질량	지구의 6.6배 전후
크기	지구의 2.7배 전후

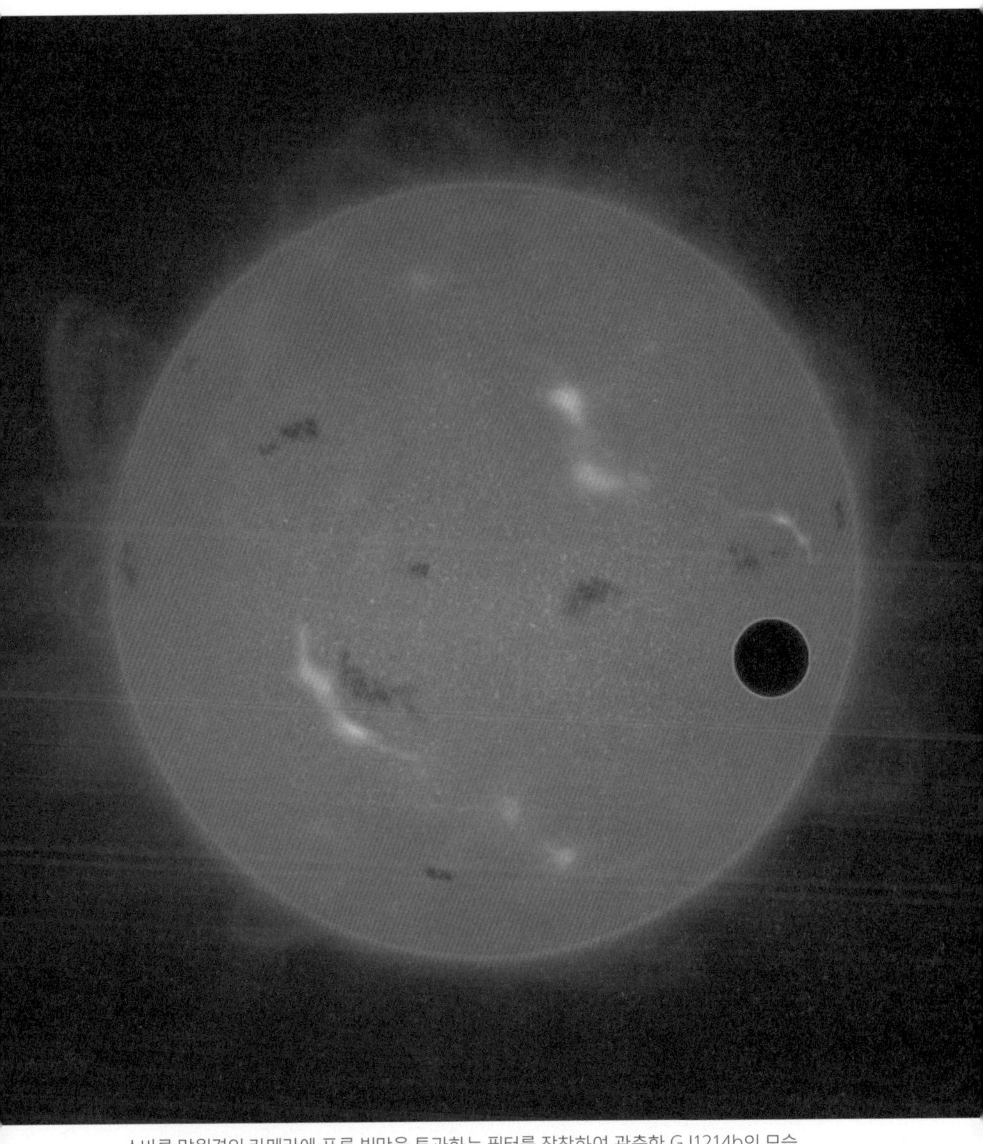

스바루 망원경의 카메라에 푸른 빛만을 투과하는 필터를 장착하여 관측한 GJ1214b의 모습
[출처: 일본 국립천문대]

글리제-667C의 행성

전갈자리 방향으로 지구에서 22광년 떨어진 장소에는 글리제-667A, 글리제-667B, 글리제-667C 세 가지 항성으로 이루어진 삼중성이 있습니다. 이 삼중성 중에서 가장 작은 적색왜성 글리제-667C의 주위에는 최대 일곱 개의 행성이 존재합니다. 그중에서 글리제-667Cc, 글리제-667Ce, 글리제-667Cf 세 행성은 생명체 거주 가능 영역 안

글리제-667Cc 지표의 모습. 하늘에 글리제-667C(왼쪽), 글리제-667A와 글리제-667B(오른쪽)가 떠 있다. [출처: ESO/L. Calçada]

에 들어 있습니다. 이런 발견은 처음 있는 일이라 당시에는 큰 화제가 되었습니다.

세 개의 행성은 지구의 3~4배 정도의 질량을 가지는 암석 행성인 거대지구로 생명의 존재도 기대됩니다.

글리제-667Cc

발견한 해	2011년
질량	지구의 3.7배 이상
크기	불명

글리제-667Cd 지표의 모습. 글리제-667Cc, 글리제-667Ce, 글리제-667Cf에 비해 중심별에서 멀리 있다. [출처: ESO/M. Kornmesser]

글리제-667C 주변의 하늘. 가장 밝은 것은 글리제-667A와 글리제-667B가 함께 빛나는 부분이다. 글리제-667C는 바로 밑에 있다. [출처: ESO/Digitized Sky Survey 2. Acknowledgement: Davide De Martin]

케플러-22b

케플러 우주망원경의 관측으로 2011년 12월에 발표된 외계행성입니다. 이 행성의 중심별인 케플러-22는 태양과 비슷한 항성으로 지구에서 620광년 떨어진 곳에 있습니다. 크기가 지구의 약 2.4배인 거대지구로, 중심별의 주위를 290일에 한 바퀴 돕니다. 이 행성은 중심별의 생명체 거주 가능 영역에 위치하는 첫 번째 거대지구입니다.

표면 온도는 22℃로 생물이 존재하기에 적당하다고 보지만, 질량이 확실히 알려지지 않았기 때문에 지구와 같은 암석 행성인지, 작은 가스 행성인지는 잘 모릅니다. 암석 행성이라면 표면에 액체인 물이 존재하고, 생명이 있을 가능성이 매우 커집니다.

케플러-22b

발견한 해	2011년
질량	지구의 52.8배 이하
크기	지구의 2.4배 전후

케플러-22b의 모습 [출처: NASA/Ames/JPL-Caltech]

케플러-62f

거문고자리 방향으로 지구에서 1200광년 떨어진 곳에 있는 외계행성 케플러-62f는 지구의 1.4배 정도 크기인 거대지구입니다. 중심별인 케플러-62는 질량이 태양의 70%, 주위로 방출하는 에너지가 태양의 20% 정도이며, 오렌지색으로 빛납니다. 케플러-62f는 중심별에서 1억 740만 킬로미터 정도의 위치에 있고, 이 별의 생명체 거주 가능 영역에 들어가 있습니다.

이 행성은 질량이나 성분구성 등이 아직 알려지지 않았지만, 암석행성일 가능성이 큽니다. 만약 지구와 같은 성분으로 구성되어 있다면 질량은 지구의 2.5~3배 정도가 되겠지요. 표면에 액체인 물이 존재할 가능성이 크고, 중력도 지구와 비슷할 가능성도 있어 지구와 많이 닮은 행성 중 하나로 생각됩니다.

케플러-62의 주위에는 케플러-62f를 포함하여 다섯 개의 행성이 존재한다고 알려져 있습니다. 그중에는 지구의 1.7배 정도로 케플러-62f보다 조금 큰 행성 케플러-62e도 있는데, 이 행성 역시 생명체 거주 가능 영역의 범위에 있다고 보입니다.

케플러-62f

발견한 해	2013년
질량	지구의 35배 이하
크기	지구의 1.4배 전후

케플러-62f의 모습 [출처: NASA/Ames/JPL-Caltech]

왼쪽부터 케플러-22b(128쪽), 케플러-62e, 케플러-62f, 지구 순으로 크기를 비교하였다.
[출처: NASA/Ames/JPL-Caltech]

케플러-186f

케플러-186f는 지구에서 492광년 정도 떨어진 곳에 있는 항성인 케플러-186의 주위를 도는 행성입니다. 2014년에 발견되었으며, 지름은 지구의 1.1배 정도로 지구와 거의 같은 크기입니다. 크기로 볼 때 케플러-186f는 암석형 행성이라고 생각됩니다.

게다가, 이 행성은 중심별의 생명체 거주 가능 영역에 들어가 있습니다. 지구와 같은 크기의 외계행성이 생명체 거주 가능 영역 안에서 발견된 것은 케플러-186f가 처음이었습니다. 케플러-186f가 정말 암석형 행성이라면 지구처럼 표면에 액체인 물이 존재한다 해도 이상하지 않습니다. 그러면 생명이 존재할 가능성도 매우 커집니다.

그러나 지구와 케플러-186f는 큰 차이가 있습니다. 바로 중심별의 밝기입니다. 케플러-186f의 중심별인 케플러-186은 적색왜성으로 질량이 태양의 절반 정도, 주위에 방출하는 빛의 양은 태양의 3분의 1 정도로 보입니다. 그러므로 중심별에서 케플러-186f까지의 거리는 태양에서 지구까지의 거리보다 꽤 가까우며, 케플러-186f의 공전주기는 130일이 됩니다.

케플러-186f에 액체 상태인 바다나 생명이 존재할 가능성은 매우 크지만, 이 행성은 지구에서 너무 멀기 때문에 현재의 기술로는 그 사실을 확인하지 못합니다. 행성의 질량이 상세하게 측정되지 않고 성분구성이나 대기 유무 등이 잘 알려지지 않았습니다. 케플러-186f는 생명체 거주 가능 영역의 바깥쪽을 돌고 있으므로 온실효과가 있는 대기가 없는 한, 표면에 물이 있어도 얼어버릴 것이라고 전문가들

케플러-186f(오른쪽)와 케플러-186(왼쪽)의 모습 [출처: NASA/Ames/SETI Institute/JPL-Caltech]

은 말합니다.

항성 케플러-168의 주위에는 케플러-186f 외에도 네 개의 행성이 존재합니다. 이들 행성의 지름은 모두 지구의 1.5배 이내로 지구와 비슷한 크기입니다. 그러나 중심별에서 거리가 너무 가까워 암석 행성이라고 해도 온도가 너무 올라가 생명의 존재를 기대할 수는 없습니다.

케플러-186f

발견한 해	2014년
질량	불명
크기	지구의 1.1배 전후

케플러-438b

케플러-438b는 지구에서 473광년 떨어진 곳에 있는 적색왜성의 주위를 도는 행성입니다. 크기는 지구의 1.12배, 질량은 지구의 1.3배 정도로 암석형 행성인 거대지구로 보입니다. 이 행성은 중심별에서 2480만 킬로미터 정도 떨어진 위치에서 약 35일 주기로 돌고 있습니다. 표면의 온도는 지구와 비슷하고 생명체 거주 가능 영역에 들어가 있어 생명이 있을지도 모른다는 기대가 높습니다. 다만, 중심별인 적색왜성 케플러-438은 매우 활동적이라 수백 일에 한 번의 빈도로 대규모 폭발 현상인 플레어가 일어납니다. 케플러-438b와 중심별의 거리는 지구와 태양 사이 거리의 16% 정도로 매우 가깝기 때문에 케플러-438b에는 매우 강한 방사선과 자외선 등이 내리쬘 가능성이 있습니다. 이 행성에 충분한 자기장이나 대기가 없다면 강한 방사선과 자외선이 행성 표면에까지 도달하기 때문에 생명이 서식하기 어려운 환경일 수도 있습니다.

케플러-438b

발견한 해	2015년
질량	지구의 1.3배 전후
크기	지구의 1.1배 전후

지구(왼쪽)와 케플러-438b(오른쪽)의 크기 비교 [출처: NASA]

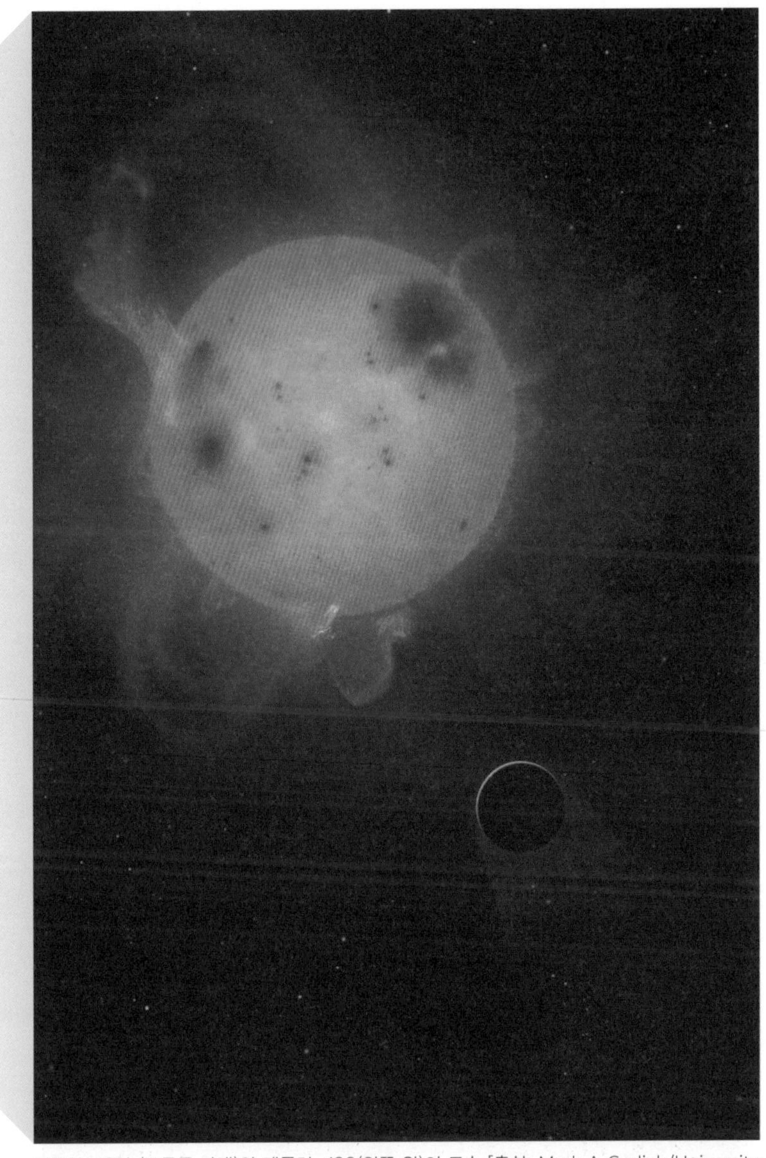

케플러-438b(오른쪽 아래)와 케플러-438(왼쪽 위)의 모습 [출처: Mark A Garlick/University of Warwick]

케플러-442b

외계행성 케플러-442b는 지구에서 1115광년 떨어진 곳에서 발견되었습니다. 중심별은 질량이 태양의 60% 정도인 적색왜성으로 케플러-442b는 그 주위를 112일 주기로 돕니다. 크기는 지구의 1.34배, 무게는 지구의 2.3배 정도이며 암석형 행성일 확률이 60%입니다. 이 행성은 중심별에서 6120만 킬로미터 정도에 위치하고 생명체 거주 가능 영역에 들어갑니다. 암석 행성이라면 표면에 바다가 있고, 생명이 존재할 가능성이 큽니다.

케플러-442b

발견한 해	2015년
질량	지구의 2.3배 전후
크기	지구의 1.3배 전후

케플러-442b(왼쪽)와 지구(오른쪽)의 크기 비교 [출처: Ph03nix1986]

케플러-444의 행성

케플러-444는 지구에서 117광년 떨어져 있는 9등성으로, 지구보다 조금 작은 행성 5개가 2015년에 발견되었습니다. 중심별은 112억 년이나 먼저 탄생하였습니다. 하늘의 은하수가 생긴 지 불과 20억 년 정도 지난 시기부터 행성을 가질 만한 항성이 있었다는 사실이 판명되었기 때문에 발견된 당시에 주목을 받았습니다.

5개의 행성은 케플러-444에 너무 가까워 생명이 존재하기는 어렵다고 보지만, 역사적 발견임에는 틀림없습니다.

케플러-444f

발견한 해	2015년
질량	불명
크기	지구의 0.7배 전후

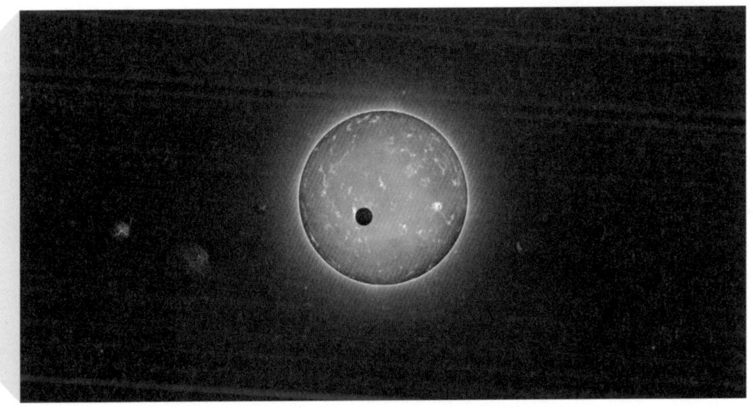

케플러-444와 5개 행성의 모습 [출처: Tiago Campante/Peter Devine]

케플러-452b

케플러-452b는 2015년에 발견된 외계행성입니다. 이 행성은 지구에서 1400광년 정도 떨어진 장소에 있는 항성 케플러 452의 주위를 돌고 있으며 지름은 지구의 1.6배 정도인 거대지구로 알려졌습니다.

중심별인 케플러-452는 태양과 매우 닮은 항성으로 지름은 태양보다 10% 정도 크고 밝기는 20% 정도 밝습니다. 탄생한 연대는 태양보다 조금 빠른 60억 년 전입니다.

생명체 거주 가능 영역 안에 존재한다고 여겨지는 외계행성의 중심별은 적색왜성이나 오렌지색 왜성인 경우가 많고, 태양과 비슷한 천체는 흔치 않았으므로 발견 당시에는 매우 큰 주목을 받았습니다.

케플러-452b와 중심별의 거리는 지구에서 태양까지의 거리와 비슷하며 케플러-452b가 중심별의 주위를 공전하는 주기도 385일이라는 점도 지구와 매우 비슷합니다. 이 때문에 케플러-186f(132쪽)보다 더 지구와 닮았다고 할 수 있습니다. 지구와 태양 사이의 관계성으로 생각하면, 케플러 452b에 바다가 존재한다는 점은 확실해 보입니다.

케플러-452b

발견한 해	2015년
질량	지구의 3.3배 이하
크기	지구의 1.6배 전후

케플러-452b(오른쪽)와 케플러-452(왼쪽)의 모습 [출처: NASA/JPL-Caltech/T. Pyle]

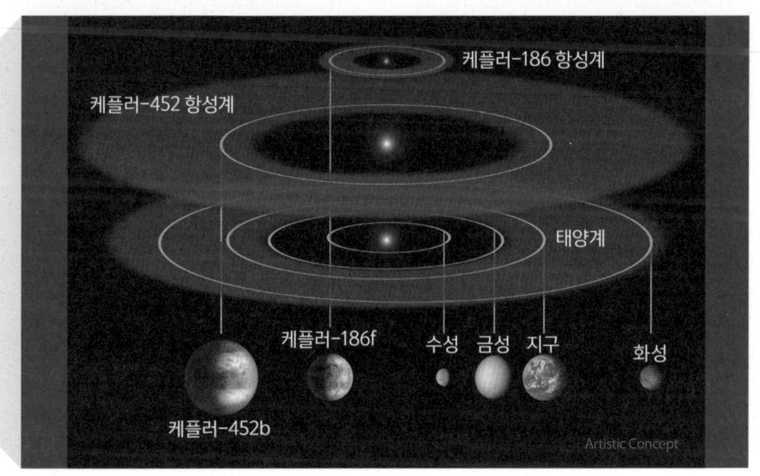

위부터 케플러-186 항성계, 케플러-452 항성계, 태양계 순으로 크기를 비교하였다.
[출처: NASA/JPL-Caltech/R. Hurt]

K2-18b

K2-18b는 지구에서 124광년 떨어진 곳에 있는 적색왜성 K2-18의 주위를 도는 외계행성입니다. 크기는 지구의 2.7배 정도이지만, 질량은 지구의 8.6배 정도나 되는 거대지구입니다.

이 행성은 중심별에서 2100만 킬로미터 정도 떨어져 있어 생명체 거주 가능 영역의 범위에 들어가 있다고 판단됩니다. 또, 허블 우주 망원경의 관측데이터를 분석해 본 결과 대기에 수증기가 포함되어 있음이 확인되었습니다. 그래서 행성의 표면에 바다가 형성되고, 생명

K2-18b(오른쪽)와 K2-18(왼쪽)의 모습. K2-18 항성계의 다른 행성도 작게 보인다.
[출처: ESA/Hubble, M. Kornmesser]

도 품고 있지 않을까 하는 기대를 받습니다.

단, 그 실제 상태에 대해서는 의견이 나뉩니다. 이 행성은 질량이 지구의 9배나 되기 때문에 지구보다 중력이 강합니다. 만약 생명이 있다고 해도 강한 중력이 생명에 어떤 영향을 줄지는 수수께끼로 남아 있습니다.

K2-18b

발견한 해	2015년
질량	지구의 8.6배 전후
크기	지구의 2.7배 전후

허블 우주망원경의 모습 [출처: NASA]

센타우루스자리프록시마b

센타우루스자리프록시마별은 태양 다음으로 지구와 가까운 항성, 즉 태양계의 이웃에 위치한 항성입니다. 지구에서 거리는 약 4.2광년입니다. 센타우루스자리프록시마별은 센타우루스자리알파별의 한 모퉁이를 차지하는 항성으로 알려져 있습니다. 센타우루스자리알파별은 세 개의 항성이 공통의 중심의 주위를 도는 삼중성입니다.

센타우루스자리알파별A(A별)와 B(B별)는 태양과 매우 닮은 밝은 별로 비교적 가까운 위치에 존재합니다. 그리고 이 두 개의 별 주변을 세 번째 별인 C별이 돌고 있습니다. 이 C별이 프록시마입니다. 참고로 프록시마라는 말은 '가장 가깝다'를 의미하는 라틴어로, A별이나 B별보다 조금 더 태양에 가까운 위치에 있습니다.

프록시마는 A별, B별과는 달리 태양보다 어둡고 작은 적색왜성입니다. 이 두 항성에서 멀리 떨어진 위치에서 공전주기 55만 년으로 무척 천천히 공전하며, 성분도 두 항성과는 매우 다릅니다. 이러한 관측 결과로 볼 때, 센타우루스자리알파별은 원래 A별과 B별의 쌍성이었으나, 가까운 곳을 지나던 프록시마가 이 쌍성에 끌려왔을 것이라 추측됩니다.

2016년에 센타우루스자리알파별의 바깥쪽에 위치한 프록시마 주위에서 지구와 비슷한 행성 프록시마b가 발견되었습니다. 프록시마b의 질량은 지구의 1.27배 이상, 크기는 지구의 1.1배 이상으로 추측되며 암석 행성으로 보입니다.

프록시마b와 중심별 사이의 거리는 약 750만 킬로미터로, 지구에

센타우루스자리프록시마b 지표의 모습 [출처: ESO/M. Kornmesser]

서 태양까지 거리의 5% 정도밖에 안 됩니다. 거리만을 비교하면 수성과 비슷합니다. 하지만 적색왜성인 프록시마에서 나오는 열과 빛은 매우 약해, 주위로 방출되는 에너지의 양은 태양의 1000분의 1 정도입니다. 따라서 이 거리에서도 생명체 거주 가능 영역 안에 들어갑니다.

다만, 표면에 액체 상태인 물이 존재하는지에 관해서는 견해가 나

뵙니다. 또, 적색왜성의 표면에는 대규모 폭발 현상인 플레어가 쉽게 일어난다는 주장도 있습니다. 태양에서는 1년에 1회 정도의 빈도로 거대한 플레어가 발생하는데 이때는 인공위성이 고장 나거나 대규모 정전이 일어나는 등 지구에 있는 우리의 사회생활에까지 영향을 미칩니다.

거대 플레어가 일어나도 지구와 같은 행성의 표면에 1기압 정도의 대기가 둘러싸고 있으면 생명에 큰 해를 주는 방사선이 직격하지는 않습니다. 하지만 프록시마b의 경우는 대기가 지구만큼 두껍지 않을 가능성이 커, 중심별에서 거대한 플레어가 발생하면 생명에 위험을 미칠

센타우루스자리프록시마b(오른쪽)와 센타우루스자리프록시마별(왼쪽)의 모습 [출처: ESO]

정도의 방사선이 내리쬘 수도 있다는 연구 결과가 발표되었습니다.

또, 중심별에서 거리가 가까운 프록시마b는 플레어로 인해 방출되는 플라스마 입자의 영향을 받아 대기가 떨어져 나갔을 가능성도 있습니다. 지구와 같은 크기의 행성이 생명체 거주 가능 영역에 있다고 해서 생명이 있다고는 할 수 없습니다. 프록시마는 태양의 이웃에 있는 항성이므로 그 주위를 공전하는 행성에 생명이 있을지도 모른다는 이야기는 무척 낭만적이지만 실제로는 어떨지 아직 확실한 답은 나오지 않았습니다.

센타우루스자리프록시마b

발견한 해	2016년
질량	지구의 1.3배 이상
크기	지구의 1.1배 이상

센타우루스자리프록시마별 주변의 하늘과 칠레의 라시야 천문대
[출처: Y. Beletsky(LCO)/ESO/ESA/NASA/M. Zamani]

칼럼

호킹 박사도 참여한 꿈의 탐사계획

우주탐사는 지금까지 태양계 안을 중심으로 실행되었습니다. 인류가 보낸 탐사선 중에서 가장 멀리 간 것은 보이저 1호와 2호입니다. 둘 다 1977년에 발사되어 이미 태양풍의 영향을 받는 범위인 태양권을 벗어나 비행 중입니다. 2021년 3월 시점에 보이저 1호는 지구에서 약 228억 킬로미터 떨어진 곳에, 2호는 약 190억 킬로미터 떨어진 곳에 있습니다.

인간이 볼 때는 40년 이상 걸려 엄청 멀리까지 갔다고 느껴지지만, 우주에서 볼 때는 아주 조금밖에 이동하지 않았지요. 지금 이대로의 속도로 비행해도 보이저 1호가 태양의 이웃 항성계인 센타우루스자리알파별에 도착하는 데는 어림잡아 20만 년 이상 걸릴 것입니다.

이 사실을 인식하면서 인류가 태양계 밖의 천체에 탐사선을 보내는 일은 불가능하다고 생각되어 왔습니다. 하지만 2016년 4월에 센타우루스자리알파별에 탐사선을 보낸다는 도전적인 계획이 발표되었습니다.

'브레이크스루 스타샷'이라는 이름의 이 계획은 러시아 출신의 IT 투자가인 유리 밀너가 시작하였습니다. 이 계획에는 휠체어를 탄 물리학자로 유명한 고 스티븐 호킹 박사도 참가하였고, 2016년의 기자회견에는 호킹 박사도 등장하여 화제가 되었습니다.

돛이 태양풍을 받아 나아가는 모습 [출처: Kevin Gill]

센타우루스자리알파별에 보내려는 것은 스타칩이라는 한 변이 2센티미터인 매우 작은 탐사선입니다. 수 그램밖에 되지 않는 기기에 카메라, 내비게이션 시스템, 통신기기 등이 들어가 있고 한 변이 수 미터인 매우 얇은 돛을 달 예정입니다. 우주 공간에서는 이 돛이 펼쳐져 태양풍을 받아 나아갑니다. 추가로 지상에서 강력한 레이저 광선을 돛에 쏘아 광속의 20%까지 스타칩을 가속합니다. 이 정도로 가속해도 스타칩이 센타우루스자리알파별에 도착하려면 발사로부터 20년 정도 걸립니다.

하지만 스타칩은 개념설계의 단계로, 현재 시점에서는 실제로 만들어낼 기술이 없습니다. 스타칩을 실현하려면 오랜 기술개발 기간과 막대한 예산이 필요합니다. 실제로 제작까지 이어질지 불투명한 부분도 있지만, 이웃 항성계에 탐사선을 보낸다는 것은 꿈꿀 만한 가치가 있는 계획입니다.

트라피스트-1의 행성

트라피스트-1은 물병자리 방향으로 지구에서 40광년 정도 떨어진 곳에 있는 적색왜성입니다. 이 별의 주위에는 7개의 행성이 존재합니다. 발견 당시의 관측에서는 이 행성 7개가 모두 지름이 지구의 0.75~1.13배, 밀도가 지구의 0.6~1.17배의 범위에 들어가, 지구와 비슷한 암석형 행성이라고 생각되었습니다. 안쪽부터 트라피스트-1b, c, d, e, f, g, h로 불렸습니다.

태양계에도 8개의 행성이 존재하지만, 암석형 행성은 4개뿐으로, 목성과 토성은 지구의 10배 정도 크기인 거대 가스 행성이며, 천왕성과 해왕성은 지구의 4배 정도 크기인 거대 얼음 행성으로 성분과 크기, 질량이 제각각입니다. 그런데 트라피스트-1의 행성은 7개 모두가 암석형 행성으로, 밀도도 지구와 비슷합니다. 하나의 항성 주위에 지구와 비슷한 행성이 이렇게 많이 발견된 일은 처음입니다.

트라피스트-1의 7개 행성은 중심별에서 900만 킬로미터 이내의 거리에 모두 들어갑니다. 태양계와 비교해서 생각해 보면 수성보다 더 안쪽에 7개의 행성이 밀집해 있는 꼴입니다. 태양계에는 이 정도 가까운 곳에 있는 행성에는 생명이 존재하지 못하지만, 적색왜성인 트라피스트-1의 주위라면 이야기가 다릅니다.

태양의 표면 온도가 약 6000℃인데 비해 트라피스트-1의 표면 온도는 2300℃ 정도입니다. 당연히 주위로 방출되는 열과 빛의 양은 태양보다 적습니다. 이 때문에 중심별에서 매우 가까운 거리에 있는데도 바깥쪽에 자리 잡은 f, g, h 3개의 행성은 생명체 거주 가능 영역 안

트라피스트-1 항성계의 모습. 바깥쪽 몇 개의 행성에는 얼음이나 액체인 물이 존재할 가능성이 있다. [출처: NASA/JPL-Caltech/R. Hurt(IPAC)]

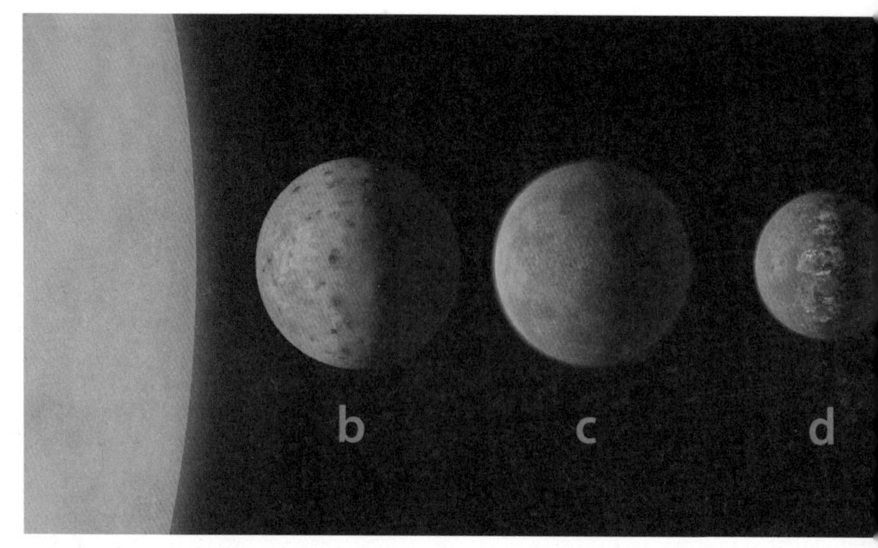

중심별(왼쪽)에서 가까운 순으로 트라피스트-1b, c, d, e, f, g, h이다. 트라피스트는 안쪽 3개를 처음 발견했을 때 사용했던 망원경의 이름이다. [출처: NASA/JPL-Caltech/R. Hurt, T. Pyle(IPAC)]

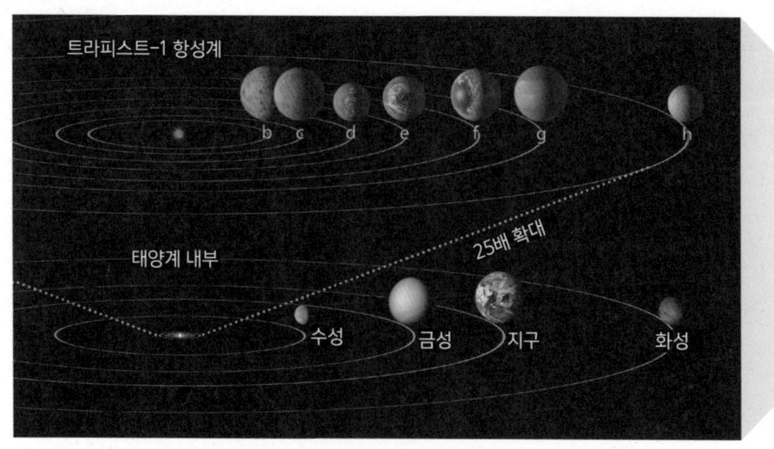

트라피스트-1 항성계는 태양계보다 매우 작고, 수성의 공전궤도 안에 들어가는 크기이다. 트라피스트-1e, f, g, h는 생명체 거주 가능 영역 내에 들어가거나 가까이에 있다고 판단된다. [출처: NASA/JPL-Caltech/R. Hurt, T. Pyle(IPAC)]

트라피스트-1f(오른쪽) 근처에서 본 다른 행성과 중심별의 모습 [출처: NASA/JPL-Caltech]

에 들어가 있다고 판단되어, 제2의 지구의 유력 후보가 되었습니다.

또, 최근에 진행된 더욱 자세한 관측에서는 7개 행성의 밀도는 모두 지구보다 다소 작다는 사실이 밝혀졌습니다. 이 관측결과로 볼 때, 행성의 표면에는 액체인 물이 별로 없을 것이라는 의견도 있습니다.

트라피스트-1의 행성 7개 중 어딘가에 생명이 존재하는지는 현재 시점에서는 아직 확인되지 않았습니다. 하지만 미국에서 발사 예정인 제임스 웹 우주망원경과 같은 차세대 망원경이 본격적으로 가동되면 결론이 나겠지요.

트라피스트-1d

발견한 해	2016년
질량	지구의 0.4배 전후
크기	지구의 0.8배 전후

트라피스트-1d(왼쪽) 근처에서 본 2개의 행성과 중심별의 모습
[출처: ESO/M. Kornmesser/N. Risinger]

트라피스트-1d 지표의 모습 [출처: ESO/M. Kornmesser]

트라피스트-1의 행성의 모습. 물이 별로 없을 것으로 상정되었다. [출처: ESO/M. Kornmesser]

트라피스트-1의 행성 상공에서 다른 행성과 중심별을 본 모습 [출처: ESO/N. Bartmann/spaceengine.org]

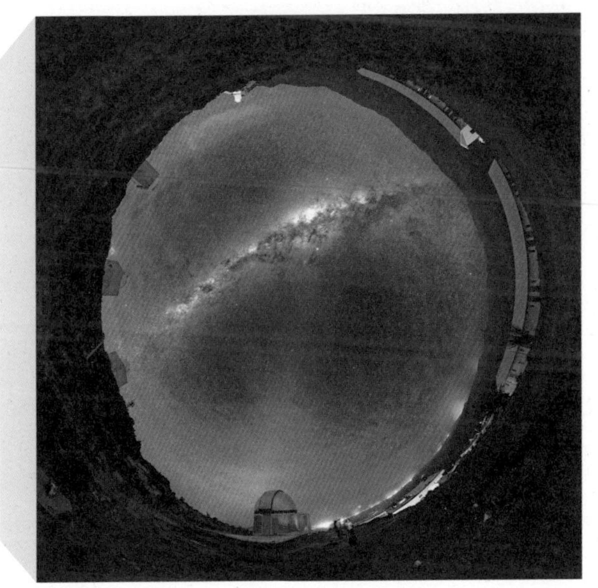

트라피스트-1의 발견에 사용된 칠레의 라시야 천문대와 그 상공 [출처: Guillaume Doyen/ESO]

케플러-1229b

케플러-1229b는 지구에서 770광년 떨어진 곳에 있는 외계행성입니다. 적색왜성 케플러-1229 항성계에서 발견된 유일한 행성입니다.

케플러-1229b는 지구보다 훨씬 무겁고, 가스 행성인 천왕성이나 해왕성보다 작은 크기입니다. 아마 암석으로 덮여 있는 거대지구일 것이라고 판단됩니다.

케플러-1229b의 공전궤도는 중심별에서 4490만 킬로미터 떨어진

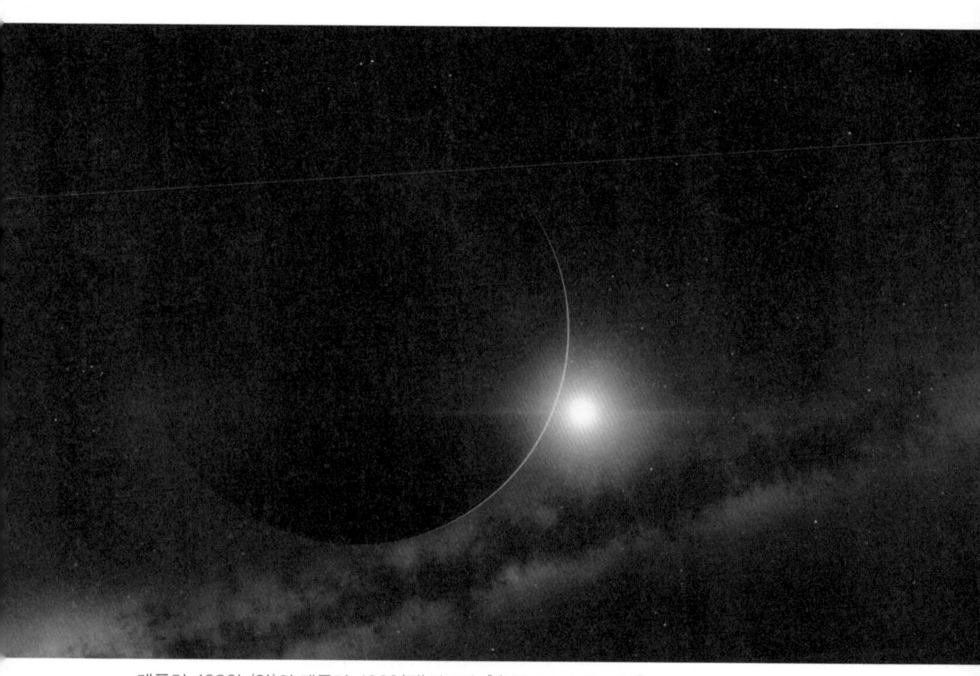

케플러-1229b(앞)와 케플러-1229(뒤)의 모습 [출처: MarioProtIV]

위치에 있습니다. 이 궤도를 태양계에 적용해보면 태양에서 수성까지의 거리의 80% 정도 거리입니다. 케플러-1229b는 이 궤도를 87일에 한 번 공전합니다.

표면의 평균온도는 영하 60℃ 정도로 보이고, 밝은 부분과 어두운 부분 사이에 액체인 물이 존재할 수 있는 온도인 지역이 있다고 보입니다. 다만, 너무 멀리 있기 때문에 상세하게는 알 수 없습니다. 차세대 우주망원경이나 지상의 대형망원경으로 더 자세한 조사가 케플러-1229 주변을 대상으로 이루어지기를 기대합니다.

케플러-1229b

발견한 해	2016년
질량	지구의 2.5배 이하
크기	지구의 1.3배 전후

케플러-1229b(오른쪽 아래)와 지구(왼쪽 위)의 크기 비교 [출처: NASA]

로스-128b

2017년 11월에 발표된 외계행성 로스-128b 역시 지구와 비슷한 외계행성 중 하나입니다. 질량은 지구의 1.4배 이상이며, 크기는 지구의 1.2배 정도로 생각됩니다. 로스-128b는 중심별 주변을 9.9일이라는 짧은 주기로 공전합니다. 공전주기가 이렇게 짧은 이유는 로스-128b에서 중심별까지의 거리가 748만 킬로미터로 지구에서 태양까지 거리의 5% 정도밖에 되지 않기 때문입니다.

이렇게 가까운 곳에 있는데도 로스-128b가 중심별에서 받는 빛은 지구가 태양에서 받아들이는 빛의 1.38배 정도입니다. 중심별인 로스-128이 태양보다 어두운 적색왜성이기 때문입니다. 행성 로스-128b가 생명체 거주 가능 영역의 범위에 들어가는지는 아직 잘 알려지지 않았지만, 이 행성의 기후는 온난하리라 보고 있습니다.

로스-128b와 그 중심별은 현재, 지구에서 11광년 거리에 있지만, 지구에 점점 가까워지고 있습니다. 7만 9천 년 후에는 센타우루스자리알파별보다도 가까운 곳으로 다가올 것으로 예측합니다. 다시 말해, 로스-128b는 앞으로 지구에 가장 가까운 외계행성이 될 것입니다.

로스-128b

발견한 해	2017년
질량	지구의 1.4배 이상
크기	지구의 1.2배 전후

로스-128b(앞)와 로스-128(뒤)의 모습 [출처: ESO/M. Kornmesser]

티가든 별의 행성

2021년 현재, 생명의 존재로 특히 기대를 모으는 천체 중 하나가 티가든 별의 행성입니다.

티가든 별은 2003년에 발견되었고, 2006년에는 지구에서 12.5광년 떨어진 곳에 있는 적색왜성이라는 사실이 밝혀졌습니다. 그리고 2019년에 지구와 비슷한 크기의 행성이 2개 있다고 발표되었습니다. 외계

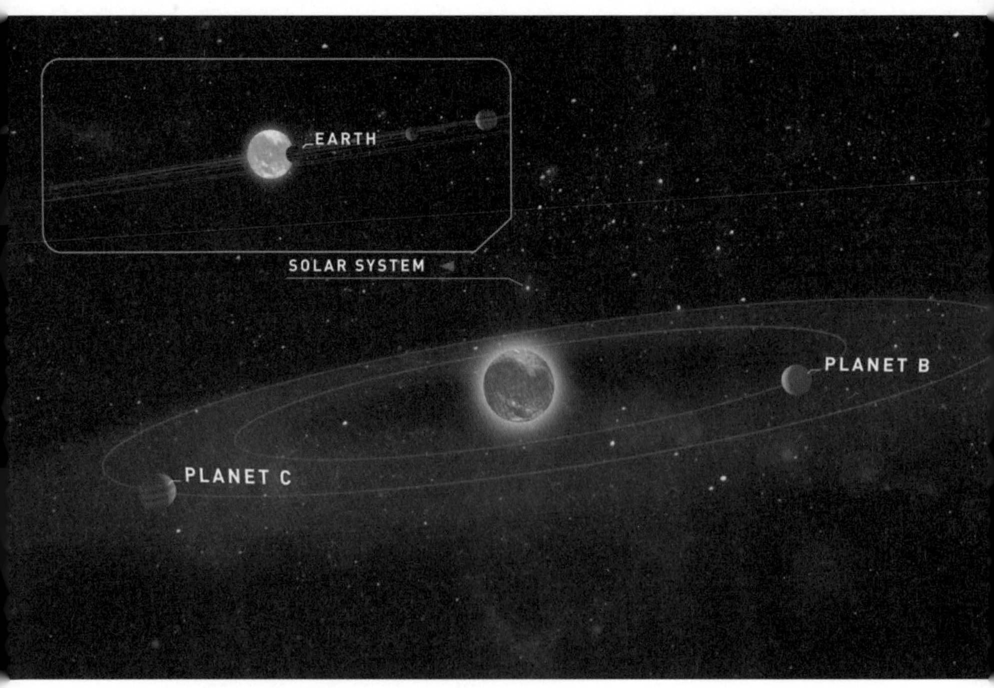

독일의 괴팅겐 대학이 발표한 티가든 별과 행성의 모습. 왼쪽 위는 태양계의 모습(실제로는 티가든 별 항성계보다 훨씬 크다) [출처: Universität Göttingen]

행성을 연구하는 국제프로젝트 'CARMENES'가 스페인에 있는 칼라 알토 천문대의 망원경을 사용하여 확인하였습니다.

티가든 별은 태양보다 어둡고 훨씬 작지만 2개의 행성은 지구와 태양 사이의 거리보다 가까운 곳에서 공전합니다. 두 행성은 모두 생명체 거주 가능 영역에 위치하며 중심별에 가장 가까운 티가든b는 지표의 온도가 0~50℃로 물이 액체 상태로 존재할 가능성이 있습니다. 중심별은 격하게 흔들리거나 플레어를 내보내는 일이 적으며, 80억 년 전에 생성된 별이라는 점에서 생명의 진화를 기대하는 사람도 있습니다.

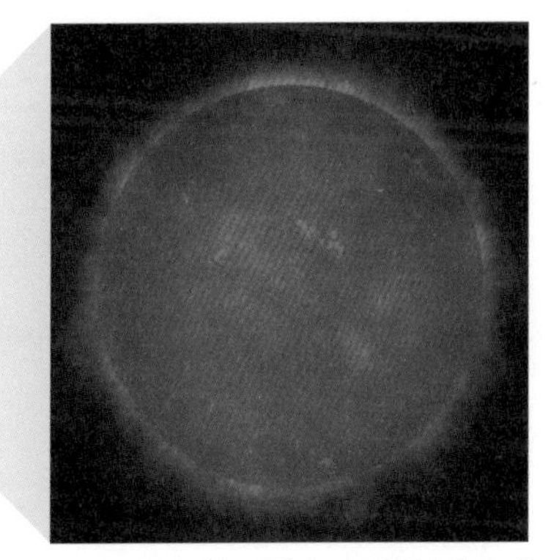
티가든 별의 모습. 태양과 비교해 30만 배 어두운 적색왜성 [출처: NASA/Walt Feimer]

티가든b

발견한 해	2019년
질량	지구의 1.0배 전후
크기	불명

케플러-1649c

지구에서 300광년 떨어진 곳에 있는 케플러-1649c도 크기나 온도가 지구와 비슷한 행성이라는 점에서 주목을 받습니다. 텍사스 대학의 앤드루 밴더버그 연구팀이 케플러로 관측한 결과를 검토하던 중에 이 외계행성의 존재를 확인하였고 2020년에 발표하였습니다.

케플러-1649c가 중심별인 적색왜성으로부터 받는 빛의 양은 지구의 75% 정도로 보입니다. 표면 온도도 지구와 비슷할 가능성이 있고, 물이 액체로 존재할 만한 생명체 거주 가능 영역에 위치합니다. 대기의 상태 등 자세한 사항은 모르지만, 지구 크기의 행성은 의외로 많습니다.

케플러-1649c

발견한 해	2020년
질량	불명
크기	지구의 1.0배 전후

케플러-1649c는 지구와 비슷한 크기인 행성이다. [출처: NASA/Ames Research Center/Daniel Rutter]

케플러-1649c(왼쪽)와 케플러-1649(오른쪽)의 모습 [출처: NASA/Ames Research Center/Daniel Rutter]

케플러-1649c의 지표 모습 [출처: NASA/Ames Research Center/Daniel Rutter]

KOI-456.04(케플러-160e)

KOI-465.04는 거문고자리 방향으로 지구에서 3000광년 정도 떨어진 곳에서 2020년 6월에 발견된 외계행성의 후보 천체입니다. 아직 후보 천체이므로 KOI-456.04라는 임시 번호가 붙어 있지만, 중심별인 케플러-160에서 발견된 4번째 행성 후보이므로 케플러-160e라고 불리기도 합니다.

중심별인 케플러-160은 표면 온도가 5200℃이고 크기가 태양의 1.1배로 태양과 매우 비슷한 항성입니다. KOI-456.04와 케플러 160의 거리는 지구와 태양 사이의 거리와 비슷하며 KOI-456.04가 케플러-160을 한 바퀴 도는 주기는 378일입니다. 천체의 크기는 지구의 1.9배 정도이며, 암석형 행성일 가능성이 큽니다. 물론 생명체 거주 가능 영역 안에 들어가 있습니다.

이 천체가 중심별로부터 받아들이는 빛의 질과 양은 지구가 태양으로부터 받아들이는 빛과 거의 같습니다. KOI-456.04가 온난한 온실효과가 있는 대기에 둘러싸여 있다면 표면의 평균온도는 5℃ 정도가 될 것으로 추측되며, 생명이 존재하기 좋은 환경일 가능성이 있습니다.

외계행성으로 확정되지는 않았지만 KOI-456.04는 지구와 공통점이 많아 생명의 존재도 크게 기대하고 있습니다. 앞으로 발사될 미국의 제임스 웹 우주망원경, 유럽의 플라토 우주망원경을 이용해 직접 관측하게 되면 더욱 자세한 상황을 알 수 있게 되겠지요.

KOI-456.04(케플러-160e)

발견한 해	2020년
질량	불명
크기	지구의 1.9배 전후

맺으며

우리는 유일한 존재인가?

지구 밖 지적생명체에 메시지를

이 우주 어딘가에 지적생명체(우주인)가 있을지도 모른다는 기대는 외계행성이 발견되기 전부터 있었습니다. 인간은 과거부터 현재에 이르기까지 아직 만나지 못한 우주인을 찾기 위한 몇 가지 프로젝트를 실행하고 있습니다.

우선, 1972년과 다음 해인 1973년에 차례로 발사된 행성 탐사선 파이오니어 10호와 파이오니어 11호에는 지구 밖 지적생명체에 보내는 메시지가 새겨진 금속판이 탑재되어 있습니다.

당시에는 태양계 내의 상태도 아직 잘 알려지지 않았습니다. 특히 목성보다 먼 곳은 망원경을 사용해도 자세히 관측할 수 없어 미지의 영역이었지요. 그래서 우주인과 우연히 만날지도 모른다는 생각으로 금속판에 남녀 인간의 그림과 태양계의 위치 등을 그려 외계의 지적생명체에게 지구와 지구인의 존재를 알리고자 했습니다.

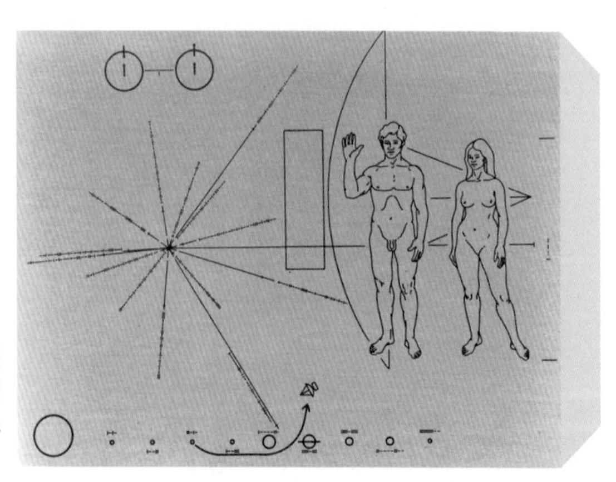

파이오니어 10호와 파이오니어 11호에는 이러한 금속판이 설치되어 있다. [출처: NASA Ames]

파이오니어 10호의 모습 [출처: NASA Ames]

파이오니어 11호의 모습 [출처: NASA Ames]

우주인을 향한 메시지는 1977년에 발사된 행성 탐사선 보이저 1호와 2호에도 탑재되었습니다. 보이저에 탑재된 것은 동판에 금도금이 입혀진 레코드로 통칭 '골든 레코드'라고 부릅니다.

이 레코드에는 지구상의 다양한 소리와 세계의 음악, 인사와 같은 음성정보뿐만 아니라 음성 데이터로 변환된 화상 정보도 수록되어 있습니다. 보이저에 탑재된 것은 레코드뿐만이 아닙니다. 우주 공간 속에서 지구의 위치 등을 기록한 금색 디스크도 탑재되어 있으며 레코드를 발견한 우주인이 재생할 수 있도록 재생 방법과 재생 시간 등도 기록되어 있습니다.

파이오니어 10호와 11호, 보이저 1호와 2호 4대의 탐사선은 현재, 모두 태양권을 탈출하는 궤도에 올라 있습니다. 다만 파이오니어 10

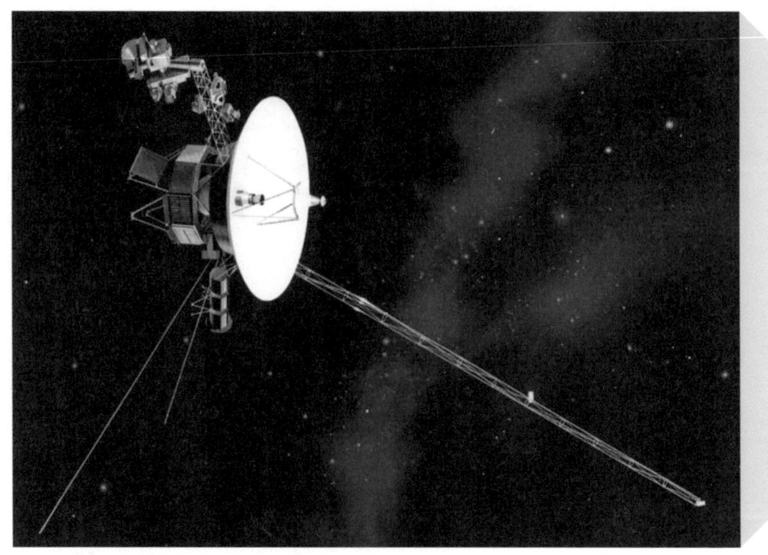

보이저 1호의 모습(2호와 거의 같은 모양이다) [출처: NASA]

호와 11호는 지구와 통신이 끊어져 현재는 어디에 있는지 모릅니다. 한편 보이저는 1호가 2012년 8월 25일에, 2호가 2018년 11월 5일에 각각 태양권 밖으로 탈출했다는 사실을 NASA에서 발표하였습니다.

2대의 보이저는 태양풍의 영향이 미치는 태양권을 벗어났지만, 태양계에서 벗어나지는 않았습니다. 사실 태양계가 어디까지 펼쳐져 있는지, 아직 정확하게 알려지지 않았습니다. 태양의 중력이 영향을 주는 범위를 태양계라고 한다면 태양권의 100~1000배의 크기가 될 것으로 추측합니다.

태양계를 탈출하지 못한 탐사선이 우주인과 만날 가능성은 0%에 가깝겠지요. 만약 만났다고 해도 우주인이 스스로 지구에 신호를 보내지 않는 한, 지구에 있는 우리가 그 사실을 알기는 불가능합니다.

보이저의 골든 레코드 [출처: NASA/JPL-Caltech]

1970년대에는 또 다른 방법으로 우주인에게 메시지를 보냈습니다. 1974년에 푸에르토리코의 아레시보 천문대에서 거대 전파망원경을 이용해 아레시보 메시지라는 전파신호를 보냈습니다.

아레시보 메시지는 수학의 소수에 관한 지식을 사용하면 그림을 복원할 수 있게 설정되어 있습니다. 그림이 무사히 복원되면 인간이 10진수를 사용한다는 사실, 인간의 모습, DNA의 화학 구조식, 태양계 정보 등을 알 수 있습니다. 우주인이 이 메시지를 받았을지는 실제로 답장을 받지 않으면 알 수 없지만, 50년 가까이 지난 현재까지 우주인의 답장은 오지 않았습니다.

아레시보 천문대 [출처: National Astronomy and Ionosphere Center, Cornell U., NSF]

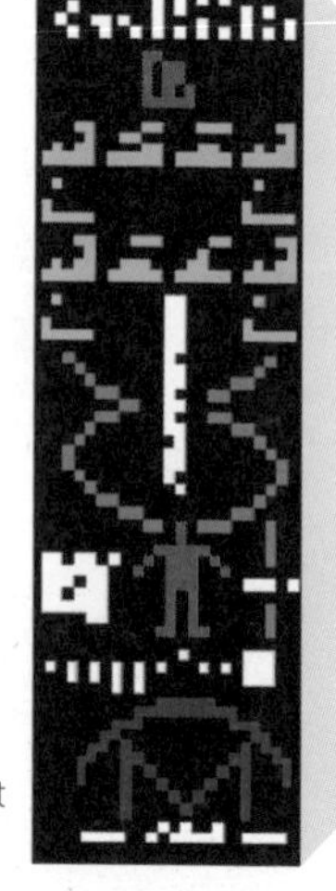

아레시보 메시지 [출처: Frank Drake(UCSC) et al., Arecibo Observatory(Cornell, NAIC)]

지적생명체가 보내는 전파를 수신하라

우주인을 찾는 또 다른 방법은 우주인이 발신하는 전파를 수신하는 것이겠지요. 우리는 텔레비전, 라디오, 휴대전화 등 많은 전파를 사용합니다. 이 전파는 지구 위에서만 전달되는 것이 아니라 우주로도 퍼져나갑니다. 따라서 우주에서 지구로부터 방출된 전파를 수신하는 일도 가능합니다. 우주로 날아간 탐사선과 통신을 주고받는다는 사실이 무엇보다 확실한 증거이겠지요.

지구에서 사용되는 전파가 우주에 퍼져나간다는 말은 전파를 사용하는 우주인이 존재한다면 그들이 사용하는 전파도 우주 공간으로 퍼져나가고 있다는 뜻이 됩니다. 이러한 전파를 관측하게 된다면 그것이 바로 우주인이 존재하는 증거라고 할 수 있습니다.

1950년대 말에 당시의 기술로 멀리 떨어진 별과 통신이 가능하다는 사실을 알게 되자, 1960년대에 미국의 천문학자인 프랭크 드레이크는 인공전파로 우주인을 찾는 오즈마계획을 실행하였습니다. 이렇게 인공전파를 수신하여 우주인을 찾는 지구 밖 지적생명체 탐사를 'Search for Extra Terrestrial Intelligence'의 머리글자를 따 SETI라고 합니다.

사실 초기에는 가장 앞에 붙는 단어가 'Search for'가 아니라, 'Communication with'로, 우주인과 상호통신을 하겠다는 의미를 담아 CETI라고 표기했습니다. 아레시보 천문대에서 송신된 아레시보 메시지도 이 흐름에서 실시되었지요.

오즈마계획은 1년도 채우지 못하고 단기간에 끝나고 말았지만, 그 뒤에도 많은 SETI 계획이 실행되어 왔습니다. 그중 1999년 5월부터 시작된 SETI@home이 잘 알려져 있습니다.

이때는 개인용 컴퓨터와 인터넷이 사람들에게 널리 보급되기 시작한 시기로, 인터넷에 접속된 많은 개인용 컴퓨터의 여유 시간을 이용하여 데이터를 해석하고 우주인이 보내는 전파를 찾는 방법을 활용하였습니다.

인터넷 회선과 개인용 컴퓨터만 있으면 누구든 우주인 찾기에 참가할 수 있다는 희망적인 탐사계획으로, 전 세계에서 많은 사람이 참가하여 분산 컴퓨팅의 선구가 되었습니다. 당시는 매우 드물었던 분산 컴퓨팅도 현재에는 비트코인 등의 가상통화(암호자산) 채굴, 신형 코로나바이러스의 구조해석 등, 다양한 용도로 이용되어 일반 가정에 있는 컴퓨터의 해석 시간을 서로 경쟁하는 상황이 생겨났습니다. 이러

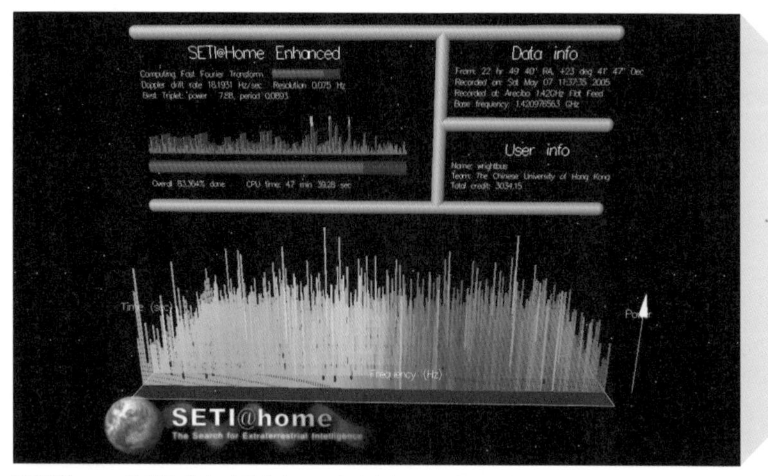

SETI@home의 화면 예시. 가정에서 스크린 세이버로도 사용되었다.
[출처: SETI@home, UC Berkeley SETI Team]

한 사정 등으로 SETI@home은 2020년 3월 말에 종료되었습니다.

우주에서 오는 인공전파는 태양계 밖에서 온다고 상정되어 있어 매우 약할 것이라 예상됩니다. 약한 인공전파를 잡는 데는 커다란 망원경이 더 적합하지요. 그런 점에서 오스트레일리아와 남아프리카에서 건설 예정인 SKA(Square Kilometre Array)라는 거대한 전파망원경 군이 기대를 모으고 있습니다. 오스트레일리아에는 초단파(VHF)용 안테나를, 남아프리카에는 극초단파(UHF)용 파라볼라 안테나를 설치하고 서로 다른 주파수대의 전파를 관측합니다.

VHF는 항공관제 통신이나 FM 라디오 방송 등에, UHF는 텔레비전 방송과 휴대전화 등에 사용되는 전파입니다. 이 우주에서는 어디에 있더라도 같은 물리법칙이 성립하므로 우주인이 물리법칙을 이해하도록 진화하였다면 지구인과 비슷한 주파수대의 전파를 사용한다고 볼 수 있습니다. VHF와 UHF는 모두 지구 위에서는 많이 사용되는 주파수이므로 우주인이 사용할 가능성도 큽니다. SKA의 관측으로 우주인이 발신한 인공전파를 수신하기를 기대하고 있습니다.

SKA는 대규모 전파망원경 군이므로 건설은 2단계로 나뉩니다. 제1단계에서는 우선 전체의 10% 정도인 안테나를 건설하고, 2028년부터 운용을 목표로 합니다. 제1단계 시설에서도 실제로 관측이 시작되면 지구에서 50광년 정도의 범위에서 인공전파를 발신하는 지적생명체가 있는지를 확인할 수 있게 된다고 합니다.

제2단계의 공사가 끝나는 시기는 2030년 이후입니다. 이 망원경이 완성되면, 제1단계의 수십 배 범위에서 오는 인공전파를 관측할 능력을 갖추게 되어, 이 범위에 우주인이 있는지를 확실히 알게 되겠지요.

SKA에는 크게 두 종류의 안테나가 설치되어 있다. 그중 하나인 파라볼라 안테나의 모습
[출처: SKAO]

낮은 주파수의 전파를 수신하는 SKA의 안테나 군의 모습 [출처: SKAO]

우주인은 어디로 갔을까?

이 우주에는 셀 수 없을 정도로 많은 항성이 있습니다. 그리고 지금까지의 탐사에서 대부분의 항성은 그 주변에 행성을 가진다는 사실을 알게 되었습니다. 2021년 7월 18일 현재, 발견된 외계행성은 4300개가 넘습니다. 그중에서 지구와 닮은 암석 행성인 거대지구로 보이는 것은 1500개가 넘습니다.

현재의 기술로 지구에서 관측 가능한 범위만 해도 이만큼의 수가 있으므로 우주 전체로 확대하면 거대지구만 해도 셀 수 없을 정도입니다. 이렇게 생각하면 지구는 결코 특별한 행성이 아닙니다. 다시 말해 생명도 결코 특별한 존재가 아닐 것입니다.

하지만 이 우주의 어딘가에 지구 밖 지적생명체(우주인)가 있다면, 우주 전체에 퍼져 있다고 해도 좋지 않을까요? 현재 지구 위에는 적도에서 극지방까지 대부분 장소에 인간이 퍼져 있습니다. 역사를 돌아보면 침팬지와 사람의 공통 조상에서 각각의 조상으로 나누어진 때는 현재로부터 약 700만 년 전이라고 합니다.

최초 인간의 선조는 동아프리카에서 등장한 것으로 보입니다. 그리고 오랜 시간에 걸쳐 지구 전체에 퍼져갔습니다. 그중에는 태평양의 작은 섬과 같이 현대에 사는 우리가 볼 때는 '도대체 어떻게 이동했을까?' 하고 생각할 만한 장소도 있습니다.

인간과 같은 지적생명체가 드물지 않다면 우주는 더 많은 생명체로 넘쳐나야 하겠지요. 그러나 현재까지는 이 우주에서 지구인 이외의 지적생명체는 발견되지 않았습니다. 이것은 큰 모순이라고 할 수 있습니다. 이 모순을 '페르미의 역설'이라고 합니다.

페르미는 20세기 초반에 살았던 이탈리아 출신 물리학자 엔리코 페르미를 말합니다. 양자역학과 원자핵물리학 등의 분야에서 큰 공적을 남겼고, 현대물리학의 토대를 쌓아 올린 사람입니다. 1938년에는 새로운 방사성원소의 연구와 원자핵반응의 연구로 노벨 물리학상을 받았습니다.

페르미는 1950년에 동료 물리학자와 UFO나 초광속 이동의 증거를 찾을 가능성 등에 관해 대화를 나눈 후, 천천히 '모두 어디에 있을까'라고 말했다고 합니다. 페르미가 말한 '모두'란 이야기의 흐름에서 볼 때 우주인을 뜻합니다.

페르미는 20세기를 대표하는 천체물리학자입니다. 단순히 생각나는 대로 그렇게 말한 것은 아닙니다. 페르미는 언뜻 봐서는 답할 수 없는 문제에 대해 답의 크기를 추정해 가는 독특한 사고 방법으로 사물을 생각하는 경우가 많았습니다. 대략적으로라도 답을 추정해 가면서 문제의 본질을 찾아간다는 자세입니다.

페르미의 '모두 어디에 있을까'라는 발언도 머릿속에서 다양한 계산을 하고 나서 '지구에 우주인이 온다 해도 이상하지 않다'라는 결론을 얻었기 때문에 했던 말이겠지요. 하지만 실제로는 우주인은 그 흔적조차 발견되지 않았습니다. 이것이 페르미의 역설의 내용입니다.

페르미의 역설에 대해서 많은 이들이 그 답을 생각하고 있습니다. 내용은 '우주인은 이미 지구에 와 있다', '우주인은 존재하지 않는다', '존재하지만, 연락하거나 신호를 주고받지 못한다' 등 여러 가지입니다. 우주는 우리가 상상할 수 없을 정도로 넓고, 138억 년이라는 엄청난 역사가 있습니다.

그 사이에 우주인이 등장해도 지구 인류가 발견할 수 있다고는 장담하지 못합니다. 지구에 인류가 등장하기까지도 46억 년 정도의 시간이 걸렸습니다. 우주인이 등장한 시기나 문명이 발달한 시기가 어긋난다면 서로 알 수가 없겠지요. 게다가 현재 이 우주의 어딘가에 우주인이 있다고 해도 지구에서 너무 먼 경우는 마찬가지로 서로 알지 못하는 상태로 끝나 버릴 가능성이 큽니다. 우주인이 존재한다는 증거를 찾는 것은 많은 이들이 생각하는 이상으로 어려운 일입니다.

동아프리카에서 전 세계로 이동한 인류를 나타낸 그림 [출처: Peter Hermes Furian/stock.adobe.com]

엔리코 페르미(1901~1954년)

지구 생명체와 지구 밖 생명체는 같을까?

현재, 우리는 지구 생명체를 참고로 지구 밖 생명체에 대해 생각합니다. 하지만, 지구 밖 생명체는 지구의 생명체와는 다른 존재일 가능성도 있습니다. 예를 들어, 지구에서 가까운 곳에는 적색왜성의 주위를 도는 행성이 많습니다.

적색왜성은 태양보다 어둡고 붉은색을 띕니다. 적색왜성은 태양보다 수명이 길기 때문에 그 주변의 행성에 생명체가 존재한다면 그 생명체는 지구 생명체보다 오랜 기간 생존할 가능성이 있습니다.

그러나 적색왜성은 태양과 같은 항성보다 활동적이고 플레어가 많이 발생합니다. 플레어가 발생하면 그 주위에 있는 행성에도 에너지가 높은 자외선이나 방사선이 많이 도달하기 때문에 애당초 생명체가 탄생하지도 않았을 것이라는 의견도 있습니다. 생명체에 대한 자외선이나 방사선의 영향은 아직 제대로 알려지지 않았습니다. 외계행성에서는 진화의 과정에서 자외선이나 방사선에 강한 종이 생겨났을 가능성도 있기 때문입니다.

또, 적색왜성의 주위를 도는 행성에서는 식물 잎의 색이 초록색이 아닐 가능성도 있습니다. 지구의 식물은 잎에서 빛을 흡수하여 광합성을 합니다. 이때, 초록색 파장의 빛이 그다지 사용되지 않고 반사되므로 잎이 초록색으로 보입니다.

지구의 식물은 가시광선과 근적외선의 경계에 해당하는 700나노미터인 파장의 빛을 강하게 반사하는 특징이 있는데, 이를 '레드 에지'라고 합니다. 적색왜성에서 오는 빛은 가시광선보다 근적외선이 강하기 때문에 이러한 항성의 주위에 있는 외계행성에 태어난 식물은 근적외선을 효과적으로 활용한다고 추측할 수도 있습니다. 이 경우, 레드 에지는 더 긴 파장 쪽으로 이동하게 됩니다.

그러나 연구자들이 적색왜성의 주위에 있는 행성에 생명체가 존재한다고 상정하고 검증해 본 결과, 의외로 지구와 비슷하게 700나노미터의 파장에 레드 에지를 가지는 식물이 번성할 가능성이 크다는 사실이 알려졌습니다. 적색왜성 주위에 있는 행성이라 해도 최초에 등장하는 생명체는 물속에서 살아가겠지요. 물은 적외선을 흡수하기 때문에 수심이 1미터 이상이 되면 가시광선만을 활용하는 생물이 우

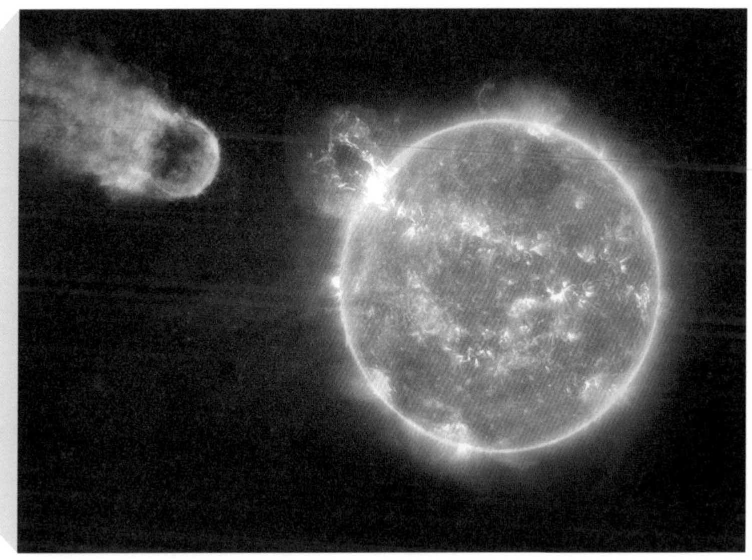

적색왜성인 바너드 별(오른쪽)의 플레어가 외계행성(왼쪽)의 대기에 영향을 주는 모습 [출처: X-ray light curve: NASA/CXC/University of Colorado/K. France et al.; Illustration: NASA/CXC/M. Weiss]

세해지므로 이런 행성에서도 지구와 비슷한 파장을 흡수하는 식물이 번성할 가능성이 큽니다.

물론, 실제로 외계행성이 어떤 환경인지는 지금은 아무도 모릅니다. 앞으로 더욱 자세한 탐사가 진행되면 생명체 거주 가능 영역에 있는 거대지구의 환경이 더 잘 알려질 것입니다. 이렇게 연구가 차곡차곡 쌓이면 지구 밖 생명체의 존재가 밝혀지겠지요.

적색왜성의 행성 지표에 근적외선이 내리쬐는 모습(왼쪽)과 지구 지표가 가시광선으로 밝혀진 모습(오른쪽). 물속에는 근적외선이 닿지 않아 지구와 매우 비슷한 환경이 펼쳐져 있다고 생각된다. [출처: 일본 국립천문대]

참고서적

일본지구행성과학연합편, **『지구·행성·생명』**, 도쿄대학출판회, 2020

나리타 노리오(成田憲保), **『지구는 특별한 행성인가?』**, 고단샤, 2020

아가타 히데히코(縣秀彦), **『지구 밖 생명체』**, 겐토샤, 2015

와타나베 준이치(渡部潤一), **『제2의 지구가 발견되는 날』**, 아사히신문출판, 2019

나루사와 신야(鳴沢真也), **『쌍성에서 본 우주』**, 고단샤, 2020

이다 시게루(井田茂) / 다무라 모토히데(田村元秀) / 이코마 마사히로(生駒大洋) / 세키네 야스히토(関根康人) 편, **『외계행성 사전』**, 아사쿠라서점, 2016

스티븐 웹, 마쓰우라 슌스케(松浦俊輔) 옮김, **『광활한 우주에 지구인밖에 보이지 않는 75가지 이유』**, 세도샤, 2018

아라후네 요시타카(荒船良孝), **『우주와 생명 최전선의 '엄청난'! 이야기』**, 세이슌출판사, 2020

후지이 아키라(藤井旭) / 아라후네 요시타카(荒船良孝), 후지이 아키라(藤井旭) 감수, **『화성의 과학』**, 세분도신코샤, 2018

야마기시 아키히코(山岸明彦), **『생명은 언제 어디서 어떻게 탄생했는가』**, 슈에샤 인터내셔널, 2015

이다 시게루(井田茂), **『해비터블 우주』**, 슌주샤, 2019

참고 웹사이트

JAXA(일본항공우주연구개발기구)
https://www.jaxa.jp/

JAXA 우주과학연구소
https://www.isas.jaxa.jp/

NASA
https://www.nasa.gov/
https://exoplanets.nasa.gov/

ESA
https://www.esa.int/

ESO
https://www.eso.org/

SKA
https://www.skatelescope.org/

The Nobel Prize
https://www.nobelprize.org/

(일본)국립천문대
https://www.nao.ac.jp/

JAMSTEC
https://www.jamstec.go.jp/

NOAA
https://www.noaa.gov/

찾아보기(천체)

영문

CoRoT-7b 122
GJ1214b 124
HD209458 110
HD209458b 108
K2-18b 140
KOI-456.04 164
TOI-700d 120

ㄱ

가니메데 46, 52
글리제-667C의 행성 126

ㄴ

니오와이즈 혜성 77

ㄷ

데이모스 92
뜨거운 목성 105, 108, 112

ㄹ

로스-128b 158
류구 86

ㅁ

명왕성 70
목성 46, 52, 68, 70

ㅅ

센타우루스자리프록시마b 142
소행성대 78

ㅇ

엔셀라두스 56
유로파 46
은하수 12, 96, 119, 137
이오 46
이토카와 80
익센트릭 플래닛 109

ㅊ

천왕성 66, 70
추류모프 게라시멘코 혜성 28

ㅋ

카론 70
칼리스토 46
케플러-1229b 156
케플러-160e 164
케플러-1649c 162
케플러-186f 132
케플러-22b 128, 131
케플러-438b 134
케플러-442b 136
케플러-444의 행성 137
케플러-452b 138
케플러-62f 130
케플러-7b 117

ㅌ

타이탄 62
토성 57, 62, 68
트라피스트-1의 행성 148
티가든 별의 행성 160

ㅍ

페가수스자리-51b 94, 110
포보스 91

ㅎ

해왕성 67
해왕성바깥천체 78
화성 32, 91, 95

찾아보기(탐사선, 천문대 등)

영문

JUICE의 탐사선 54
MMX의 탐사선 91
SKA 173
TESS 119

ㄴ

노조미 36
뉴호라이즌스 72

ㄹ

라시야 천문대 145, 155
로웰 천문대 32

ㅁ

마리너 4호 35
마리너 9호 35
마스 피닉스 착륙선 40

ㅂ

보이저 1호와 2호 168
보이저 2호 67

ㅅ

스푸트니크 1호 35

ㅇ

아레시보 천문대 170
유로파 클리퍼 51
인저뉴어티 43

ㅈ

제임스 웹 우주망원경 152

ㅋ

카시니 57, 62
칼라 알토 천문대 161
케플러 114

ㅍ

파이오니어 10호 166
파이오니어 11호 166
퍼시비어런스 43

ㅎ

하야부사 82
하야부사2 86
하위헌스 62
허블 우주망원경 69, 71, 140
화성정찰위성 41, 92

주목할 만한 외계행성

* 본서에서 소개한 외계행성을 Planetary Habitability Laboratory가 제작한 “Habitable Exoplanets Catalog”(2021년 7월 현재)를 참조하여 순위를 정했다.
* ESI란 ‘지구 유사성 지표’라는 의미이다. 지구를 1로 둘 때, 어느 정도 비슷한지를 나타낸다.

생명체 거주 가능 영역에 있다고 볼 만한 외계행성

	행성 이름	ESI	게재 페이지
1	티가든b	0.95	161
2	TOI-700d	0.93	120
3	트라피스트-1d	0.9	148
4	케플러-1649c	0.9	162
5	센타우루스자리프록시마b	0.87	142
6	로스-128b	0.86	158
7	트라피스트-1e	0.85	148
8	케플러-442b	0.84	136
9	글리제-667Cc	0.8	126
10	글리제-667Cf	0.77	126
11	케플러-1229b	0.73	156
12	트라피스트-1f	0.68	148
13	케플러-62f	0.68	130
14	티가든c	0.68	160
15	케플러-186f	0.61	132
16	글리제-667Ce	0.6	126
17	트라피스트-1g	0.58	148

낙관적으로 생각하면 생명체 거주 가능 영역에 있는 외계행성
(암석 행성이 아니거나 액체 상태인 물이 존재할 가능성이 작다)

	행성 이름	ESI	게재 페이지
1	케플러-452b	0.83	138
2	케플러-62e	0.83	130
3	K2-18b	0.71	140
4	케플러-22b	0.71	128